Materialien S II · Biologie

Stoffwechsel-physiologie

Lösungen

Schroedel

Materialien S II · Biologie

Stoffwechselphysiologie
Lösungen

Herausgegeben und bearbeitet von
Prof. Dr. Andreas Christian, Flensburg
Dr. Iris Mackensen-Friedrichs, IPN Kiel
Christian Wendel, Vechta
Elisabeth Westendorf-Bröring, Vechta

Titelfoto: Becherzelle, Dünndarm
Foto: Steve Gschmeissner/SPL/Agentur Focus

© 2007 Bildungshaus Schulbuchverlage
Westermann Schroedel Diesterweg Schöningh Winklers GmbH, Braunschweig
www.schroedel.de

Das Werk und seine Teile sind urheberrechtlich geschützt. Jede Nutzung in anderen als den gesetzlich zugelassenen Fällen bedarf der vorherigen schriftlichen Einwilligung des Verlages. Hinweis zu § 52 a UrhG: Weder das Werk noch seine Teile dürfen ohne eine solche Einwilligung gescannt und in ein Netzwerk eingestellt werden. Dies gilt auch für Intranets von Schulen und sonstigen Bildungseinrichtungen.
Auf verschiedenen Seiten dieses Buches befinden sich Verweise (Links) auf Internet-Adressen. Haftungshinweis: Trotz sorgfältiger inhaltlicher Kontrolle wird die Haftung für die Inhalte der externen Seiten ausgeschlossen. Für den Inhalt dieser externen Seiten sind ausschließlich deren Betreiber verantwortlich. Sollten Sie bei dem angegebenen Inhalt des Anbieters dieser Seite auf kostenpflichtige, illegale oder anstößige Inhalte treffen, so bedauern wir dies ausdrücklich und bitten Sie, uns umgehend per E-Mail davon in Kenntnis zu setzen, damit beim Nachdruck der Verweis gelöscht wird.

Druck A^1 / Jahr 2007

Alle Drucke der Serie A sind im Unterricht parallel verwendbar.

Bildquellen: 5.0 Steve Gschmeissner/SPL/Agentur Focus; 5.1 Manfred P. Kage/Okapia; 9.0 Bach/Mauritius; 14.0 Norbert Lange/Okapia; 20.0 Kuchlbauer/Mauritius; 27.0 J. Beck/Mauritius; 32.0 Klaus G. Kohn; 35.0 Manfred P. Kage/Okapia; 44.0 dpa/dpaweb/picture-alliance; 46.0 Gunther von Hagens/Institut für Plastination, Heidelberg (www.koerperwelten.de); 50.0 SST/Mauritius; 52.0 Pictures/Helga Lade

Redaktion: Sabine Gilbert
Illustrationen: Brigitte Karnath
Umschlaggestaltung: Janssen Kahlert Design & Kommunikation
Layout und Satz: IPS Ira Petersohn, Ellerbek
Druck und Bindung: pva, Druck und Medien-Dienstleistungen GmbH, Landau

ISBN 978-3-507-10919-3

Inhalt

Was ist Stoffwechselphysiologie? 5

Inhaltsstoffe der Zelle 5

1 Proteine 5
2 Kohlenhydrate 5
3 Fette 5
4 Wasser, Mineralsalze, Spurenelemente und Vitamine 5

Umwandlung und Speicherung von Energie 9

1 Energie und Entropie 9
2 Energieumwandlung bei chemischen Reaktionen 9
3 Energiespeicher und -überträger in der Zelle 9

Stoffumwandlung durch Enzyme 14

1 Bau und Funktion von Enzymen 14
2 Reaktionsgeschwindigkeit und Beeinflussung der Enzymaktivität 14

Wasser- und Mineralsalzhaushalt bei Pflanzen 20

1 Bedeutung der Mineralsalze für die Pflanzen 20
2 Wasser als Stabilitätsfaktor 20
3 Wasser- und Stofftransport in Pflanzen 22
4 Besondere Ernährungsformen bei Pflanzen 23

Fotosynthese und Chemosynthese 27

1 Fotosynthese – Grundlage unseres Lebens 27
2 Chloroplasten – Orte der Fotosynthese 27
3 Ablauf der Fotosynthese 27
4 Spezialisten der Fotosynthese – C_4- und CAM-Pflanzen 27
5 Chemosynthese 27

Ernährung, Verdauung und Resorption 32

1 Nährstoffbedarf und gesunde Ernährung 32
2 Verdauung 32

Intrazellulärer Abbau energiereicher Stoffe 35

1 Abbau von Glucose 35
2 Abbau von Aminisäuren 36
3 Abbau von Fetten 36
4 Vernetzung des Zellstoffwechsels 36
5 Energiehaushalt der Tiere 36

Atmung 44

1 Bau und Funktion der Lunge 44
2 Gasaustausch 44
3 Regulation der Atmung 45

Herz, Kreislauf und Blut 46

1 Anatomie und Funktion des Herzens 46
2 Transportsysteme für Blut und Lymphe 46
3 Blut 46

Muskulatur und Bewegung 50

1 Bau und Funktion der Muskulatur 50
2 Muskelstoffwechsel 50

Exkretion und Wasserhaushalt 52

1 Bau und Funktion der Säugetierniere 52
2 Wasser- und Salzhaushalt des Menschen 52

Was ist Stoffwechselphysiologie?

Inhaltsstoffe der Zelle

1 Proteine

Seite 9

1 An jeder Position sind 20 verschiedene Aminosäuren möglich. Für 2 Positionen (Dipeptide) gibt es also $20 \cdot 20 = 400$ Möglichkeiten, für Tripeptide existieren bereits $20 \cdot 20 \cdot 20 = 8000$ Möglichkeiten und allgemein für Peptide mit n Aminosäuren 20^n Möglichkeiten. Mit $n = 10$ erhält man also 20^{10} mögliche Peptide, die zehn Aminosäuren lang sind. 20^{10} ist gleich $2^{10} \cdot 10^{10} = 1024 \cdot 10^{10} = 1{,}024 \cdot 10^{13}$. Es existieren somit etwa 10^{13}, also rund 10 Billionen, Möglichkeiten. Das entspricht etwa der Anzahl der Zellen im menschlichen Körper.

2 Kohlenhydrate

Seite 10

1 Durch Variation der Bindungsstellen und der Reihenfolge der drei Bausteine lassen sich eine Reihe verschiedener Trisaccharide bilden. Bei Verwendung von Summenformeln ergibt sich für sämtliche Lösungen die Reaktionsgleichung:
$3\ C_6H_{12}O_6 \rightarrow C_{18}H_{32}O_{16} + 2\ H_2O$
Beispiel:

β-D-Galactose + α-D-Glucose + β-D-Fructose
⇩
$2\ H_2O$
β-D-Galactose (1→4) α-D-Glucose (1→2) β-D-Fructose

Zusatzinformation: Mit α-D-Galactose statt β-D-Galactose und einer Bindung zwischen Kohlenstoff-Atom 1 der Galactose und Kohlenstoff-Atom 6 der Glucose ergibt sich Raffinose (α-D-Galactose(1 → 6) α-D-Glucose (1 → 2) β-D-Fructose), ein verbreiteter Speicherstoff von Pflanzen.

3 Fette

Seite 12

1 Fischfett verfügt über einen hohen Anteil an ungesättigten Fettsäuren. Ungesättigte Fettsäuren sind im Bereich der Doppelbindungen geknickt. Dadurch können sie weniger intermolekulare Wechselwirkungen miteinander eingehen als Fette mit gesättigten, nicht geknickten, Fettsäuren.

4 Wasser, Mineralsalze, Spurenelemente und Vitamine

Seite 13

1 Nur Beispiele, keine vollständige Auflistung:
Sauerstoff: Wasser, Kohlenhydrate, Eiweiße, Phosphate und Carbonate (vor allem im Knochen)
Kohlenstoff: Eiweiße, Fette, Kohlenhydrate, Nukleinsäuren, Calciumcarbonat (Knochen)
Wasserstoff: Wasser, Fette, Kohlenhydrate, Eiweiße
Stickstoff: Eiweiße, Nukleinsäuren
Calcium: Calciumphosphat und -carbonat des Knochens
Phosphor: Calciumphosphat (Knochen), Nukleinsäuren, ATP

2 Durch Verabreichung einer Diät, die einen bestimmten Stoff nicht enthält, ansonsten aber vollwertig ist, lässt sich gezielt feststellen, wie sich ein Entzug dieses Stoffes auswirkt. Selbstverständlich würde man ein solches Experiment am Menschen nicht bis zum Auftreten lebensbedrohlicher Symptome fortführen. Mitunter sind Menschen aber durch äußere Umstände wie Nahrungsmangel gezwungen, für längere Zeit auf bestimmte Vitamine oder Spurenelemente zu verzichten. So ist die Mangelkrankheit Skorbut, die früher zum Beispiel unter Seefahrern verbreitet war, auf eine zu geringe Aufnahme von Vitamin C zurückzuführen.

Seite 14

PRAKTIKUM: Inhaltsstoffe der Zelle

1 Stärkenachweis (Iod-Probe)
a) Tropft man Iodkaliumiodid-Lösung zu Amyloselösung, färbt sich die Lösung blau. Es entsteht Iodstärke, die in Abhängigkeit von der Konzentration der verwendeten Iod-Lösung eine tiefblaue, violette bis schwarze Färbung aufweist. Amylose ist eine unverzweigte Kette aus mehreren hundert Glucose-Einheiten. Sie hat eine helikale Struktur mit einem kanalartigen Hohlraum in der Mitte. In diesem können Iod-Moleküle eingelagert werden. Dadurch entsteht die blau gefärbte Iodstärke-Einschlussverbindung.
Die Blaufärbung verschwindet beim Erwärmen der Lösung und tritt beim Abkühlen der Lösung wieder auf.
Beim Erwärmen der Lösung können aufgrund der zunehmenden Bewegungen der Iod-Moleküle und Amyloseketten die Iod-Moleküle nicht mehr in den Windungen der Helix gehalten werden. So entfärbt sich die Lösung. Beim langsamen Abkühlen tritt die Blaufärbung wieder auf. Die helikale Struktur der Amylose bildet sich wieder aus und schließt Iod-Moleküle ein.
b) Amylopektin zeigt in der Iod-Probe keine Blaufärbung. Es besteht aus verzweigten Ketten bis zu mehreren tausend Glucose-Einheiten. Durch die Verzweigungen kann sich die Kette nicht zu einer Helix winden. Deshalb können auch keine Iodstärke-Einschlussverbindungen entstehen.

2 Stärkeverkleisterung
a) Man sieht bei 400-facher Vergrößerung in der kalten Stärke-Lösung blau gefärbte Stärkekörner. Diese lassen erkennen, dass sie aus vielen Schichten aufgebaut sind. Auch in der Lösung, die auf 40 °C erhitzt wurde, sieht man in dem erkalteten Tropfen blau gefärbte Stärkekörner mit der Schichtung. Die Lösung, die auf 60 °C erhitzt wurde, ist kleisterartig. Beim Zutropfen der Iodkaliumiodid-Lösung färbt sich der Kleister bläulich. In dem Kleister-Tropfen findet man bei 400-facher Vergrößerung nur noch sehr vereinzelnd blau gefärbte Stärkekörner. Die meisten Stärkekörner sind aufgebrochen und die Amylose ist ausgetreten. Die Amylose ist überall in dem Tropfen verteilt und hat Iod-Moleküle eingelagert. Deshalb tritt eine bläuliche Verfärbung des Kleisters auf. In der Lösung, die auf 80 °C erhitzt wurde, sind im Vergleich dazu keine intakten Stärkekörner mehr zu finden.
b) Stärke ist als Reservekohlenhydrat in Form von Stärkekörnern abgelagert. Typisch sind die Schichtungslinien der Stärkekörner. Sie entstehen durch periodische Anlagerungen von Stärke in Wachstumsphasen. Im Stärkekorn gehen die Amyloseketten und Amylopektinketten von einem Zentrum aus und treffen rechtwinklig auf die Oberfläche. Dabei ist das Amylopektin als gefaltete Ketten rechtwinklig zur Oberfläche eingelagert. Amylose befindet sich zwischen Amylopektin. Es kann aus den Stärkekörnern ausgewaschen werden, wobei Amylopektin die Struktur des Korns aufrechterhält.
Beim Erhitzen in Wasser erfolgt eine Verkleisterung der Stärke. Die Stärkekörner werden irreversibel zerstört. Durch die Wasseranlagerung an die austretenden Stärkeketten entsteht eine viskose Lösung.
Unterschiedliche Stärkearten verkleistern bei verschiedenen Temperaturen. Zum Beispiel verkleistert Weizenstärke bei 52 bis 64 °C, Kartoffelstärke bei 58 bis 66 °C und Reisstärke bei 68 bis 78 °C.
c)

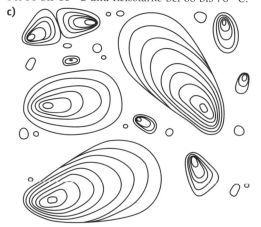

d) In der rohen Kartoffel (die rechte Kartoffelhälfte in dem Foto) liegt unverkleisterte Stärke vor. Die Amylose befindet sich in den Stärkekörnern. Sie ist schwer zugänglich für die Iod-Moleküle. Daher tritt nur eine geringe Blaufärbung auf.

Die gekochte Kartoffel (die linke Kartoffelhälfe in dem Foto) enthält verkleisterte Stärke. Die Stärkekörner sind aufgebrochen und Amylose ist ausgetreten. Die helikale Amylose ist für Iod-Moleküle gut zugänglich, daher tritt eine intensive Blaufärbung auf.

3 Hydrolyse von Stärke

Zusatzinformationen: Stärke wird unter Wasseranlagerung in ihre Bausteine (Maltose und letztlich Glucose) zerlegt. In den Versuchen 3 und 4 wird untersucht, ob einfaches Kochen in Wasser zur Hydrolyse führt. In den Versuche 5 und 6 wird versucht, die Stärke unter Zusatz von verdünnter Salzsäure abzubauen.

Bei der Hydrolyse von Stärke wird die Polysaccharidkette der Amylose in immer kürzere Bruchstücke bis zu Maltose und Glucose-Einheiten gespalten. Die kürzeren Bruchstücke weisen keine helikale Struktur mehr auf. So können die Iod-Moleküle nicht mehr in den Windungen der Helix gehalten werden. Die Lösung entfärbt sich.

Die Fehling-Probe weist reduzierende Zucker nach. Die Mono- beziehungsweise Disaccharide müssen eine freie Aldehydgruppe besitzen. Das ist bei Glucose- und auch bei Maltose-Molekülen der Fall. Durch die saure Hydrolyse der Stärke entstehen Glucose- und Maltose-Moleküle. Je weiter die Hydrolyse fortgeschritten ist, umso mehr reduzierende Zucker sind nachweisbar.

Ergebnis des 1. Versuchs: Es tritt eine Blaufärbung bei der Iod-Probe auf. Der Versuch dient zur Kontrolle.

Ergebnis des 2. Versuchs: Die Fehling-Probe verläuft negativ. Die Stärkelösung enthält keine reduzierenden Zucker. Der Versuch dient zur Kontrolle.

Ergebnis des 3. Versuchs: Die Iod-Probe verläuft positiv. Fünfminütiges Sieden führt nicht zur Hydrolyse von Stärke.

Ergebnis des 4. Versuchs: Die Fehling-Probe verläuft negativ. Fünfminütiges Sieden führt nicht zur Hydrolyse von Stärke. Es entstehen durch das Sieden keine Maltose- oder Glucose-Moleküle.

Ergebnis des 5. Versuchs: Die Iod-Probe verläuft negativ. Stärke ist durch das Kochen mit Säure in die Bausteine zerlegt worden. Es liegt keine helikale Amylose mehr vor. Deshalb können auch keine Iodstärke-Einschlussverbindungen mehr entstehen.

Ergebnis des 6. Versuchs: Die Fehling-Probe verläuft positiv. Durch die saure Hydrolyse der Stärke entstehen Glucose- und Maltose-Moleküle. Deshalb kann man nach fünfminütigem Sieden mit Salzsäure reduzierende Zucker nachweisen.

Seite 15

AUFGABEN: Inhaltsstoffe der Zelle

1 a) Beim Hb-S ist im Vergleich zum normalen Hämoglobin-Molekül die Aminosäure Glutamin durch Valin ersetzt. Valin ist eine unpolare Aminosäure, Glutamin dagegen eine polare Aminosäure. Wenn in einer Polypeptidkette eine Aminosäure durch eine andere Aminosäure mit ähnlichen Eigenschaften ersetzt wird, zum Beispiel eine polare gegen eine andere polare, ist mit geringen oder keinen Auswirkungen auf die Raumstruktur und damit auf die Eigenschaften des Proteins zu rechnen, da die Aminosäureseitenketten ähnliche Wechselwirkungen eingehen.

Wird dagegen eine polare Aminosäure (wie Glutamin im Hb-S) durch eine unpolare (wie Valin) ersetzt, treten andere Wechselwirkungen zwischen den Seitenketten auf. Dadurch kommt es zu Veränderungen der Raumstruktur und Eigenschaften der Polypeptidkette.

Die Veränderung der Primärstruktur macht sich in der Tertiärstruktur und Quartärstruktur bemerkbar. Entscheidend für die Struktur- und Eigenschaftsveränderungen des Proteins beim Austausch einer Aminosäure könnte auch die Position der betreffenden Aminosäure sein.

b) Die Erniedrigung des pH-Wertes bedeutet, dass sich die Protonen-Konzentration erhöht. Durch Protonen können Wechselwirkungen zwischen den Aminosäureseitenketten verändert werden. Infolgedessen denaturieren Proteine. Durch den Aminosäureaustausch ist das Hb-S bereits instabiler als normale Hämoglobin-Moleküle. Durch die Erhöhung der Protonen-Konzentration denaturiert es daher eher.

2 a) Nach einer calciumreichen Mahlzeit ist der Calciumspiegel im Blut erhöht. Kalzitonin wird von der Schilddrüse ausgeschüttet. Dadurch wird die Calciumausscheidung durch die Niere gefördert und gleichzeitig die Calciumfreisetzung aus den

Knochen gehemmt. So wird der Calciumspiegel rasch erniedrigt.

b) Vitamin D ist notwendig für die optimale Aufnahme von Calcium aus dem Darm ins Blut. Bei einem Vitamin-D-Mangel gelangt zu wenig Calcium aus dem Darm ins Blut. Der niedrige Calciumspiegel des Blutes führt zur Ausschüttung von Parathormon. Dadurch wird Calcium aus den Knochen freigesetzt, um für andere wichtige Stoffwechselvorgänge zur Verfügung zu stehen. Langfristig werden die Knochen dadurch instabil und verformen sich.

c) Aktiviertes Vitamin D bewirkt wie Parathormon die Erhöhung des Calciumspiegels des Blutes sowohl durch die verstärkte Aufnahme von Calcium aus dem Darm ins Blut als auch durch die Calciumfreisetzung aus den Knochen. Bei einer längerfristigen Überversorgung mit Vitamin D kommt es durch die Calciumfreisetzung aus den Knochen zu einer Knochenerweichung.

3 a) *Vitamin K im Körper:* Vitamin K ist eine Sammelbezeichnung für eine große Gruppe von Stoffen mit ähnlicher biologischer Wirkung. Beim Erwachsenen wird der größte Teil des benötigten K-Vitamins von den Darmbakterien hergestellt.
Wirkung: Vitamin K ist an der Bildung von verschiedenen Blutgerinnungsfaktoren in der Leber beteiligt. Es fördert die Blutgerinnung. Darüber hinaus ist Vitamin K an der Bildung von Proteinen beteiligt, die im Blut, in der Niere und im Knochen vorkommen. Vitamin K soll auch eine Rolle bei der Mineralisation der Knochen spielen und eine Osteoporose (Knochenschwund) entgegenwirken.
Mangelerscheinungen: treten auf bei einer gestörten Fettresorption (zum Beispiel bei Gallensteinen, Lebererkrankung), Beeinträchtigung der Darmflora, zum Beispiel nach Antibiotikabehandlungen, oder nach der Einnahme von Medikamenten, die die Aufnahme von Vitamin K in den Körper behindern. Anzeichen für einen Vitamin-K-Mangel ist eine verstärkte Blutungsneigung (Blutgerinnungsstörungen).

Vitamin-K-Zufuhrempfehlung der DGE		
Alter	Männer in µg	Frauen in µg
19–25	70	60
25–51	70	60
51–65	80	65
über 65	80	65

Bei gesunden Menschen und gemischter Kost ist ein Mangel an Vitamin K unwahrscheinlich. Er tritt aber auf, wenn der Körper aufgrund einer Erkrankung Fette nicht richtig verwerten kann.
Vitamin K in Lebensmitteln: Ein hoher Gehalt an Vitamin K_1 findet sich in grünem Blattgemüse und Salat. Außerdem enthalten auch Vollkornerzeugnisse, Fleisch, Milch, Eier, Früchte und andere Gemüsesorten größere Mengen.

Lebensmittel	Vitamin-K-Gehalt in µg pro 100 g
Fleisch (ohne Fett)	
Huhn	300
Rind	210
Gemüse	
Blumenkohl	300
Rosenkohl	570
Sauerkraut	1540
Spinat	350
Grünkohl	817
Broccoli	154

Vitamin K wird durch Hitze und Sauerstoff nicht angegriffen, allerdings ist es lichtempfindlich.
Marcumar® ist ein Vitamin-K-Antagonist: Der Wirkstoff in Marcumar®, Phenprocoumon, verdrängt Vitamin K in der Leber und hemmt so die Produktion der Vitamin-K-abhängigen Gerinnungsfaktoren. Auf diese Art wird die Gerinnungsfähigkeit des Blutes vermindert. Bei jedem Patienten, der Phenprocoumon einnimmt, muss genau bestimmt werden, wie hoch die Dosis an Wirkstoff sein muss, um eine ausreichende Hemmung der Blutgerinnung zu erzielen. Die Blutgerinnungsfähigkeit muss während der Therapie regelmäßig durch einen Bluttest, zum Beispiel durch den so genannten Quick-Test (benannt nach Armand James QUICK) kontrolliert werden.

b) Wenn Marcumar® in zu hohen Konzentrationen eingenommen wird, besteht die Gefahr von unkontrollierbaren Blutungen. Längerfristig könnte sich auch Osteoporose entwickeln.

Umwandlung und Speicherung von Energie

1 Energie und Entropie

2 Energieumwandlung bei chemischen Reaktionen

Seite 19

1 Laut Definition gilt bei fester Temperatur die Beziehung:
$$\Delta G = \Delta H - T \cdot \Delta S. \qquad (1)$$
Dabei ist $\Delta S = \Delta S_{Sys}$ die Änderung der Entropie im betrachteten Reaktionssystem. Bei konstantem Druck entspricht die Reaktionsenthalpie ΔH der Wärmeenergie, die aus der Umgebung aufgenommen wird. Dann ist $-\Delta H$ die an die Umgebung abgeführte Wärmeenergie Q. Bei konstanter Temperatur ist die Änderung der Entropie der Umgebung ΔS_{Um} gleich der an die Umgebung abgeführten Wärmeenergie dividiert durch die Temperatur (siehe Schülerbuch, S. 18):
$$\Delta S_{Um} = Q / T = -\Delta H / T \qquad (2)$$
oder nach ΔH aufgelöst:
$$\Delta H = -T \cdot \Delta S_{Um}. \qquad (3)$$
Durch Einsetzen von (3) in (1) erhält man mit $\Delta S = \Delta S_{Sys}$:
$$\Delta G = -T \cdot \Delta S_{Um} - T \cdot \Delta S_{Sys}$$
$$= -T(\Delta S_{Um} + \Delta S_{Sys}). \qquad (4)$$
Die gesamte Entropieänderung bei einem Vorgang ΔS_{ges} ist die Summe aus der Änderung der Entropie des betrachteten Systems ΔS_{Sys} und der Änderung der Entropie der Umgebung ΔS_{Um}:
$$\Delta S_{ges} = \Delta S_{Sys} + \Delta S_{Um}. \qquad (5)$$
Setzt man (5) in (4) ein, erhält man die gesuchte Beziehung:
$$\Delta G = -T \cdot \Delta S_{ges}.$$
Zusatzinformation: Durch Vorgabe der Gleichung (1) als Ausgangspunkt der Umformungen lässt sich der Schwierigkeitsgrad der Aufgabe erheblich reduzieren.

3 Energiespeicher und -überträger in der Zelle

Seite 22

PRAKTIKUM: Umwandlung und Speicherung von Energie

1 Reaktionsenthalpie der Oxidation von Saccharose
a) *Beispiel:* gemessener Temperaturanstieg 16 °C = 16 K
Um 1 g Wasser um 1 K zu erwärmen sind 4,18 J nötig.
Um 500 g Wasser um 16 K zu erwärmen sind $(4{,}18 \, J \cdot g^{-1} \cdot K^{-1} \cdot 500 \, g \cdot 16 \, K)$ 33 440 J (33,44 kJ) nötig.
Beim Verbrennen des Zuckerwürfels wurden 33,44 kJ abgegeben.
b) 1 Würfelzucker = 3 g Saccharose
molare Masse von Saccharose = 342 g/mol
3 g Saccharose liefern 33,44 kJ
Ein Mol Saccharose (342 g) liefert (114 · 33,44 kJ) 3812,16 kJ.
Die Reaktionsenthalpie beträgt −3812,16 kJ/mol.
Die Verbrennungsenthalpie von Saccharose beträgt laut Literatur −5645 kJ/mol.
Die Abweichungen der Versuchsergebnisse von den Literaturwerten sind insbesondere auf Wärmeverluste an die Umgebung und auf eine nicht vollständige Verbrennung des Zuckerwürfels zurückzuführen.
c) Fehlerquellen könnten vermieden werden, durch:
– Abdecken der Wasseroberfläche, zum Beispiel mit Styropor®-Flocken um den Wärmeverlust zu verhindern;
– Verwendung eines magnetischen Rührers, sodass die Wärme gleichmäßiger verteilt wird;
– Verwendung einer geringeren Wassermenge, um den Temperaturanstieg besser zu erfassen;
– Verbrennung des Zuckerwürfels in einem 50 ml Enghals-Erlenmeyerkolben, um die vollständige Verbrennung des Zuckerwürfel zu erleichtern.

2 Endotherme Reaktionen, die freiwillig ablaufen

a) Bei der Reaktion zwischen Zitronensäure und Natriumhydrogencarbonat kühlt sich die Lösung ab. Die Reaktion ist endotherm. Die notwendige Energie wird der Umgebung, dem Wasser, entnommen. Die Reaktionsenthalpie ist also positiv.
Beispiel: gemessene Temperaturerniedrigung des Wassers: 10 °C = 10 K.
Um 1 g Wasser um 1 K zu erwärmen sind 4,18 J nötig. Beim Abkühlen von 1 g Wasser um 1 K werden 4,18 J frei.
Beim Abkühlen von 25 g Wasser um 10 K werden (4,18 J · g^{-1} · K^{-1} · 25 g · 10 K) 1045 J frei.
Bei der Reaktion von Zitronensäure und Natriumhydrogencarbonat wurden der Umgebung 1045 J entnommen. Zur Berechnung der Reaktionsenthalpie muss die molare Masse von Zitronensäure berücksichtigt werden. Sie beträgt 192,12 g/mol.
10 g Zitronensäure wurden in der Reaktion eingesetzt.
Die molare Masse von Zitronensäure beträgt 192,12 g/mol.
10 g Zitronensäure entnehmen bei der Reaktion mit Natriumhydrogencarbonat der Umgebung 1045 J.
Ein Mol Zitronensäure (192,12 g) verbrauchen (19,2 · 1,045 kJ) 20,064 kJ.
Die Reaktionsenthalpie beträgt + 20,064 kJ/mol.

b) Bei der Reaktion zwischen Zitronensäure und Natriumhydrogencarbonat kühlt sich die Lösung ab. Die Reaktion ist endotherm. Die Reaktionsenthalpie ist also positiv. Trotzdem verläuft die Reaktion von selbst ab, da sich bei der Reaktion die Entropie erhöht. Die Zahl der Teilchen nimmt bei der Reaktion zu. Es entsteht ein Gas, dessen Teilchen sich stark bewegen und sich in dem ihnen zur Verfügung stehenden Raum verteilen.

c)

Reaktion	Entropie des Systems	Entropie der Umgebung
Verdunsten eines Kältesprays auf der Haut	nimmt zu; flüssiges Kältespray geht in den gasförmigen Zustand über. Die ungeordneten Bewegungen der Kältespray-Teilchen nehmen zu.	Beim Verdunsten des Kältesprays nimmt das System Wärmeenergie aus der Umgebung auf. Hierdurch wird die Entropie der Umgebung erniedrigt. Die ungeordneten Bewegungen der Teilchen in der Umgebung nehmen zu.
Wäsche trocknet im Winter (0 °C) auf der Leine	nimmt zu; beim Wäschetrocknen im Winter geht Wasser direkt vom festen in den gasförmigen Zustand über (Sublimation). Die Bewegungen der Wasser-Moleküle, die im festen Zustand in stark geordnete Eiskristalle eingebaut sind, nehmen dabei stark zu.	Beim Wäschetrocknen im Winter nimmt das System Wärmeenergie aus der Umgebung auf. Hierdurch wird die Entropie der Umgebung erniedrigt. Die ungeordneten Bewegungen der Teilchen in der Umgebung nehmen zu.
Iod sublimiert	nimmt zu; Iod geht direkt vom festen in den gasförmigen Zustand über (Sublimation). Die Bewegungen der Iod-Moleküle, die im festen Zustand in ein stark geordnetes Gitter eingebaut sind, nehmen dabei stark zu.	Beim Sublimieren von Iod nimmt das Sytem Wärmeenergie aus der Umgebung auf. Hierdurch wird die Entropie der Umgebung erniedrigt. Die ungeordneten Bewegungen der Teilchen in der Umgebung nehmen ab.
Lösen von Kohlenstoffdioxid in Wasser	nimmt ab; da die ungeordneten Bewegungen der gasförmigen Kohlenstoffdioxid-Moleküle abnehmen, wenn sie sich in Wasser lösen.	Beim Lösen der Kohlenstoffdioxid-Moleküle in Wasser wird Energie an die Umgebung freigesetzt. Hierdurch nehmen die ungeordneten Bewegungen der Teilchen in der Umgebung zu. Die Entropie der Umgebung nimmt zu.
Verdampfen eines Stoffes	nimmt zu; der flüssige Stoff geht in den gasförmigen Zustand über. Die ungeordneten Bewegungen der Teilchen nehmen zu.	Beim Verdampfen eines Stoffes nimmt das System Wärmeenergie aus der Umgebung auf. Hierdurch wird die Entropie der Umgebung erniedrigt. Die ungeordneten Bewegungen der Teilchen in der Umgebung nehmen zu.

d) $\Delta G = \Delta H - T \cdot \Delta S$
Wenn die freie Reaktionsenthalpie negativ ist, verläuft die Reaktion bei jeder Temperatur von selbst. Die freie Reaktionsenthalpie ergibt sich aus der Reaktionsenthalpie, von der das Produkt der Entropie und der Temperatur subtrahiert wird. Die Reaktionsenthalpie ist negativ; subtrahiert man davon das Produkt der positiven Entropie und der Temperatur erhält man immer einen negativen Wert.

Wenn die freie Reaktionsenthalpie positiv ist, verläuft die Reaktion bei keiner Temperatur von selbst. Die Reaktionsenthalpie ist positiv und überwiegt das Produkt der Entropie und der Temperatur.

Wenn die Reaktionsenthalpie und die Entropie positiv sind, verläuft eine Reaktion bei niedrigen Temperaturen nicht von selbst, denn dann ist das Produkt aus Temperatur und Entropie klein und überwiegt nicht die Reaktionsenthalpie, sodass die freie Reaktionsenthalpie positiv ist.

Bei Erhöhung der Temperatur kann die Reaktion von selbst ablaufen, denn dann wird das Produkt aus Entropie und Temperatur größer und kann die Reaktionsenthalpie überwiegen, sodass die freie Reaktionsenthalpie negativ wird.

Wenn die Reaktionsenthalpie und die Entropie negativ sind, verläuft eine Reaktion bei niedrigen Temperaturen von selbst, denn dann ist das Produkt aus Entropie und Temperatur klein und kann die Reaktionsenthalpie nicht überwiegen, die freie Reaktionsenthalpie ist dann negativ.

Bei Erhöhung der Temperatur wird das Produkt aus Entropie und Temperatur größer und kann die Reaktionsenthalpie überwiegen; die freie Reaktionsenthalpie wird dann positiv. Die Reaktion verläuft dann nicht von selbst.

Seite 23

AUFGABEN: Umwandlung und Speicherung von Energie

1 a) Die Oxidation von Glucose mit Sauerstoff läuft von selbst ab, da ΔG negativ ist. Allerdings muss zunächst die Aktivierungsenergie aufgebracht werden. Unter Standardbedingungen, also etwa bei Zimmertemperatur, verfügen die Glucose- und Sauerstoff-Moleküle nicht über genügend Energie um diese Barriere zu überwinden.

b) Ein Gramm Glucose entspricht etwa 1/180 Mol. Bei der Oxidation von einem Mol Glucose wird eine Energie von 2872 kJ frei. Folglich wird bei der Oxidation von einem Gramm Glucose die Energie 2872/180 kJ ≈ 15,96 kJ frei.

c) Es gilt:
15,96 kJ = 80 kg · 9,81 m/s² · h;
wegen 15,96 kJ = 15960 J folgt:
15 960 J = 80 kg · 9,81 m/s² · h;
nach der Hubhöhe h umgestellt ergibt sich (1 J = 1 kg · m²/s²):
h = 15 960/(80 · 9,81) ≈ 20,3 m.

2 a) Wasser-Moleküle sind in flüssigem Wasser weniger geordnet als in Eiskristallen. Beim Übergang von flüssigem Wasser zu Eis nimmt die Ordnung des Systems also zu. Eine zunehmende Ordnung bedeutet eine abnehmende Entropie im System. Das Vorzeichen der Entropieänderung des Systems ist somit negativ.

Die Schmelzwärme, also die Energie, die beim Gefrieren des Wassers als Wärmeenergie in die Umgebung abgegeben wird, erhöht die Entropie der Umgebung. Das Vorzeichen der Entropieänderung der Umgebung ist also positiv.

b) Das System kann sich nur so verändern, dass die Entropie insgesamt zunimmt. Es muss also gelten:
$\Delta S_{ges} = \Delta S_{Sys} + \Delta S_{Um} > 0$.

Bei der Temperatur −1 °C gilt für den Übergang von flüssigem Wasser zu Eis:
ΔS_{ges} = − 21,85 J/(mol · K) + 21,93 J/(mol · K)
= 0,08 J/(mol · K) > 0.

Die gesamte Entropie nimmt zu, der Vorgang läuft somit von selbst ab.

Bei der Temperatur +1 °C gilt für den Übergang von flüssigem Wasser zu Eis:
ΔS_{ges} = − 22,13 J/(mol · K) + 22,05 J/(mol · K)
= − 0,08 J/(mol · K) < 0.

Die gesamte Entropie würde beim Gefrieren des Wassers abnehmen. Das ist nicht möglich. Folglich läuft der Vorgang in der umgekehrten Richtung ab, das Eis schmilzt.

Zusatzinformation: Bei der Temperatur 0 °C verändert sich die Entropie beim Phasenübergang von Wasser-Molekülen nicht. In diesem Fall bleibt das System in seinem Zustand.

c) Aus der Beziehung:
ΔS_{Um} = Q / T
folgt für die an die Umgebung abgegebene Wärmeenergie Q:
Q = T · ΔS_{Um} = 273 K · 21,99 J/(mol·K) ≈ 6 kJ/mol.

Dieses entspricht der Schmelzwärme.

d) Die zum Schmelzen des Eises erforderliche Energie (Schmelzwärme) wird dem umgebenden Wasser entzogen, das dadurch abkühlt. Das Schmelzen von Eis erfordert viel mehr Energie als bei einer Verringerung der Temperatur des umgebenden Wassers um 1 Grad frei wird (pro Mol 6 kJ verglichen mit 75 J, also etwa das 80-fache). Daher sinkt die Temperatur des umgebenden Wassers schnell ab, wenn ein Teil des Eises schmilzt. Bei 0 °C befindet sich das System in einem stabilen Zustand, sofern keine Wärmeenergie von außen zugeführt wird. Das ist wegen der warmen Umgebung aber der Fall. Die aus der Umgebung nur langsam in das Wasser gelangende Wärmeenergie wird zum weiteren Schmelzen von Eis verwandt, bis kein Eis mehr übrig ist. Erst danach steigt die Temperatur des Wassers wieder deutlich an.

Zusatzinformation: Zur Vereinfachung wurde vernachlässigt, dass sich die Abkühlung des flüssigen Wassers mit zunehmender Nähe zum Gefrierpunkt verlangsamt, da das Temperaturgefälle sich verringert, und dass die Temperatur des Wassers zur Oberfläche hin ansteigt.

3 a) Betrachtet man nur den Baum und seine Baustoffe, so hat die Entropie abgenommen. Allerdings wurde durch die vielfältigen Stoffwechselprozesse die Entropie in der Umgebung erhöht, sodass sich insgesamt eine Erhöhung der Entropie ergibt. Der Fehler liegt also darin, nur den Baum, das System, und nicht auch die Umgebung zu betrachten.

b) Eine scheinbare Abnahme der Entropie ergibt sich immer, wenn man Systeme, in denen die Ordnung zunimmt, isoliert betrachtet. Wie beim Wachstum eines Baumes werden beispielsweise auch die zum Bau eines Hauses verwendeten Stoffe in einen Zustand höherer Ordnung überführt. Durch den Stoffwechsel der Arbeiter und die Wärmeabgabe der eingesetzten Maschinen erfolgt jedoch eine noch größere Erhöhung der Entropie in der Umgebung. Auch wenn jemand seinen Schreibtisch aufräumt, gibt er Wärme an die Umgebung ab, etwa aufgrund der erforderlichen Muskelarbeit, und erhöht dadurch die Entropie der Umgebung mehr als er die Entropie des Schreibtisches verringert.

In der Biologie wurde mitunter behauptet, die Evolution der Organismen widerspräche dem Prinzip der Entropiezunahme im Universum. Auch hier beobachtet man, wenngleich über sehr große Zeiträume, eine Entwicklung zu zunehmend geordneten Strukturen. Auch in diesem Fall resultiert die scheinbare Abnahme der Entropie nur aus der Nichtberücksichtigung von Prozessen, die die Entropie der Umgebung erhöhen.

4 a) Die sich bewegenden Gasteilchen verfügen über kinetische Energie. Diese kann bei Stößen gegen die Propellerblätter teilweise auf den Propeller übertragen werden und dadurch dem Antrieb des Generators dienen.

b) Im Fall A haben die auf den Propeller treffenden Teilchen eine bevorzugte Bewegungsrichtung, nämlich von links nach rechts. Außerdem gelangen Sie nur durch das kleine Loch in der Trennwand in die rechte Seite der Kammer. Somit stoßen die Gasteilchen den Propeller bevorzugt oberhalb der Drehachse von links an. Hierdurch wird er im Uhrzeigersinn angetrieben und kann Arbeit verrichten.

Im Fall B sind die Teilchen und ihre Bewegungsrichtungen gleichmäßig verteilt. Die Propellerblätter werden daher im Mittel aus allen Richtungen gleichermaßen von Teilchen getroffen, sodass insgesamt kein Antrieb erfolgt.

c) Fall A stellt eine geordnete Situation dar. Die Teilchen sind auf die linke Seite des gesamten Raumes konzentriert. Fall B stellt eine ungeordnete Situation mit gleichmäßig im Raum verteilten Teilchen dar. Allein aus der ungleichmäßigen Verteilung der Teichen im Fall A resultiert der Antrieb des Propellers. Die geordnete Situation im Fall A ermöglicht also die Verrichtung von Arbeit, während die ungeordnete Situation im Fall B nicht die Verrichtung von Arbeit erlaubt. Energie kann als die Fähigkeit Arbeit zu verrichten definiert werden. Das Energieniveau der geordneten Situation A ist somit höher als das Energieniveau der ungeordneten Situation B.

Zusatzinformation: Man kann A und B als Anfangs- und Endzustand eines Prozesses betrachten, bei dem sich die Gasteilchen von der linken Seite ausgehend in der gesamten Kammer verteilen, sodass zunehmend Ordnung verloren geht. Gleichzeitig erfolgen die Stöße der Gasteilchen mit dem Propeller zunehmend ungerichtet, sodass der Antrieb immer mehr abnimmt. Die Möglichkeit, Arbeit zu verrichten, und damit das Energieniveau, sinkt mit zunehmender Gleichverteilung der Teilchen, also mit abnehmender Ordnung des Systems.

5 a) Durch Addition der Gleichungen (1) und (2) erhält man:

X + ATP + X-P + Y + H$_2$O → X-P + ADP + Z + P$_i$;
$\Delta G = -14{,}2$ kJ/mol $+ (-12{,}7$ kJ/mol$)$
$ = -26{,}9$ kJ/mol.

Durch Subtraktion von X-P auf beiden Seiten ergibt sich:

X + ATP + Y + H$_2$O → ADP + Z + P$_i$;
$\Delta G = -26{,}9$ kJ/mol. (4)

Zieht man Gleichung (3) von Gleichung (4) ab erhält man:

X + Y = Z;
$\Delta G = -26{,}9$ kJ/mol $- (-30{,}5$ kJ/mol$)$
$ = +3{,}6$ kJ/mol. (5)

Für die direkte Reaktion von X und Y zu Z ist $\Delta G > 0$. Diese Reaktion ist also endergonisch; sie läuft nicht von selbst ab.

b) Die exergonischen Reaktionen (1), (2) und (3) können von selbst ablaufen. Dabei wird insgesamt aus X und Y das Produkt Z gebildet, und ATP wird unter Einsatz eines Wasser-Moleküls zu ADP und anorganischem Phosphat gespalten. Es wird also eine endergonische Reaktion mit der exergonischen Spaltung von ATP gekoppelt. ATP wirkt dabei als Energieüberträger. In Reaktion (1) wird mithilfe einer Phosphatgruppe Energie von ATP auf X übertragen, das dadurch energetisch angeregt wird und mit Y zu Z reagieren kann.

Stoffumwandlung durch Enzyme

1 Bau und Funktion von Enzymen

Seite 24

1 Enzyme setzen als Biokatalysatoren die Aktivierungsenergie einer Reaktion herab. Sie verändern aber nicht die Energie, die bei einer Reaktion freigesetzt wird.

Seite 25

1 Insbesondere kommt es darauf an, ob der Aminosäureaustausch im aktiven Zentrum des Enzyms erfolgt oder an einer anderen Stelle des Enzym-Moleküls. Spezielle Aminosäuren, die durch die Faltung der Aminosäureketten im Bereich des aktiven Zentrums liegen, binden mit ihren Seitenketten das Substrat. Werden solche Aminosäuren im aktiven Zentrum gegen Aminosäuren mit anderen Bindungseigenschaften ausgetauscht, so kann das Substrat nicht mehr gebunden werden.
Werden solche Aminosäuren im aktiven Zentrum gegen Aminosäuren mit ähnlichen Bindungseigenschaften ausgetauscht, so kann das Substrat noch mehr oder weniger gut gebunden werden.
Werden Aminosäuren außerhalb des aktiven Zentrums ausgetauscht, so wird dadurch die Bindung des Substrates an das aktive Zentrum nicht unbedingt maßgeblich beeinflusst.
Werden Aminosäuren außerhalb des aktiven Zentrums ausgetauscht und verändert sich infolgedessen die gesamte Raumstruktur des Enzym-Moleküls, so wird dadurch auch die Bindung des Substrats an das aktive Zentrum verändert.

Seite 26

1 Das Substrat des Enzyms Pyruvat-Dehydrogenase ist Pyruvat. Vom Pyruvat-Molekül wird mithilfe des Enzyms Wasserstoff abgespalten.

2 Spezielle Aminosäuren des aktiven Zentrums binden mit ihren Seitenketten das Substrat und orientieren es so, dass einige Aminosäuren mit ihren Seitenketten katalytisch wirksam werden können. Anstelle des Substrats können zwar ähnlich gebaute Stoffe durch bindende Aminosäuren an das aktive Zentrum angelagert werden, aber die katalytisch wirksamen Aminosäuren können keine Verschiebung von Elektronen und Ladungen in dem angelagerten Molekül bewirken. Deshalb entsteht kein Produkt.

Seite 27

1 Die Kationen und Anionen eines Salzes lagern sich an polare Aminosäure-Seitenketten der Polypeptidkette des Enzyms und beeinflussen dadurch die Faltung der Kette. Infolgedessen denaturiert das Enzym und seine Aktivität nimmt ab.

2 Reaktionsgeschwindigkeit und Beeinflussung der Enzymaktivität

Seite 28

1 Hexokinase (K_M-Wert = 10^{-5} mol/l) setzt Glucose zu Glucose-6-Phosphat um, Glucose-Isomerase (K_M-Wert = $3{,}3 \cdot 10^{-3}$ mol/l) zu Fructose. Hexokinase hat einen kleineren K_M-Wert als Glucose-Isomerase, das heißt, Hexokinase bindet Glucose mit höherer Affinität. Also erwartet man als Hauptprodukt Glucose-6-Phosphat.

Seite 29

1 Ein kompetetiver Hemmstoff bindet an das aktive Zentrum des Enzyms. Die Inhibitor- und Substrat-Moleküle konkurrieren dabei um die Besetzung des aktiven Zentrums. Mit zunehmender Inhibitor-Konzentration erhöht sich die Wahrscheinlichkeit, dass Inhibitor-Moleküle an das aktive Zentrum binden. Deshalb nimmt die Reaktionsgeschwindigkeit einer enzymkatalysierten Reaktion mit steigender Konzentration eines kompetitiven Hemmstoffes stetig ab.
Nicht-kompetitive Hemmstoffe lagern sich außerhalb des aktiven Zentrums an das Enzym-Molekül, sodass die Raumstruktur des Enzyms verändert wird. Das aktive Zentrum wird dabei so verändert, dass es kein Substrat mehr binden kann. Bei der nicht-kompetitiven Hemmung wird ein Teil der Enzyme im Reaktionsgefäß blockiert. Die Reaktionsgeschwindigkeit einer enzymkatalysierten Reaktion nimmt mit steigender Konzentration eines

nicht-kompetitiven Hemmstoffes stetig ab, da dadurch die Konzentration an aktiven Enzymen im Reaktionsgefäß stetig gesenkt wird.

Seite 31

1 Die Regulation einer Stoffwechselkette am ersten Enzym und am langsamsten Enzym sind Stoff- und Energiesparmaßnahmen der Zelle. Wird in einer Stoffwechselkette das erste Enzym reguliert, so kann dadurch die gesamte Stoffwechselkette an- beziehungsweise abgestellt werden. So häufen sich keine Zwischenprodukte aus der Stoffwechselkette an, die bei der Stoffwechsellage der Zelle nicht weiterverarbeitet werden können.
Aktiviert man das langsamste Enzym einer Stoffwechselkette erhöht sich dadurch die Geschwindigkeit der gesamten Stoffwechselkette, da die nachfolgenden enzymatischen Reaktionen durch die höhere Substrat-Konzentration mit höherer Geschwindigkeit verlaufen.

2 Der Glucoseabbau in der Zelle besteht aus einer Kette von Reaktionen, wovon jede durch ein spezifisches Enzym katalysiert wird. Phosphofructokinase katalysiert den langsamsten Schritt beim Glucoseabbau, die Umwandlung von Fructose-6-phosphat in Fructose-1,6-bisphosphat. Es bestimmt damit die Geschwindigkeit der gesamten Stoffwechselkette. Durch eine Aktivierung oder Hemmung des Enzyms verändert sich die Geschwindigkeit der gesamten Abbaukette. Phosphofructokinase wird allosterisch reguliert. ADP wirkt als positiver Effektor auf Phosphofructokinase. Eine hohe ADP-Konzentration in der Zelle bedeutet, dass der Energiespeicher ATP leer ist. Um ATP zu gewinnen, muss die Zelle den Glucoseabbau aktivieren. ADP lagert sich an ein regulatorisches Zentrum der Phosphofructokinase. Dadurch wird das Substrat Fructose-6-phosphat besser an das aktive Zentrum gebunden und somit der Glucoseabbau beschleunigt. ATP wirkt dagegen als negativer Effektor auf Phosphofructokinase. Bei einer hohen ATP-Konzentration in der Zelle lagert sich ATP an ein regulatorisches Zentrum von Phosphofruktokinase und bewirkt, dass das Substrat schlechter an das aktive Zentrum gebunden wird. Dadurch wird der Glucoseabbau in der Zelle verlangsamt.

Seite 31

1 *Unterschied zwischen Enzymen und Coenzymen:* Enzyme sind Biokatalysatoren und liegen am Ende der Enzymreaktion unverändert vor, sodass sie sofort das nächste Substrat-Molekül umsetzen können. Coenzyme werden dagegen während der Enzymreaktion chemisch verändert. Sie übernehmen Elektronen, Atome oder chemische Gruppen. Deshalb müssen sie in einer zweiten Enzymreaktion wieder regeneriert werden.
Enzyme setzen die Aktivierungsenergie biochemischer Reaktionen herab, indem sie im Substrat-Enzym-Komplex Bindungen im Substrat-Molekül instabil machen. Dazu sind Coenzyme nicht in der Lage; sie sind Hilfsmoleküle von Enzymen und übernehmen Elektronen, Atome oder chemische Gruppen bei einer Enzymreaktion.
Unterschied zwischen Coenzymen und Substraten: Coenzyme lagern sich wie Substrate an das aktive Zentrum eines Enzyms. Sie werden während der Enzymreaktion auch chemisch verändert. Daher werden sie auch als Cosubstrate bezeichnet. Sie übernehmen Elektronen, Atome oder chemische Gruppen. Sie werden in einer zweiten Enzymreaktion wieder regeneriert. Substrate binden an das aktive Zentrum eines Enzyms und werden zum Produkt umgewandelt. Das Produkt wird im Stoffwechsel weiter umgesetzt. Es erfolgt keine Regeneration.

Seite 34

PRAKTIKUM: Zersetzung von Wasserstoffperoxid durch Katalase

1 Gewinnung der Katalase aus Kartoffeln
–

2 Bestimmung der optimalen Enzym-Konzentration
Die Katalase-Konzentration in Kartoffeln ist im Wesentlichen abhängig von der Kartoffelsorte, dem Alter und den Bedingungen, wie die Kartoffeln gelagert wurden. Deshalb muss in diesem Versuch zunächst die optimale Enzym-Konzentration für den nachfolgenden Versuch ermittelt werden.
Optimal ist die Enzym-Konzentration, bei der die Filtrierpapierplättchen in 10 bis 20 Sekunden die Wasseroberfläche wieder erreicht haben. Wichtig für das Gelingen dieses und des folgenden Versuches ist, dass die Filtrierpapierplättchen immer in gleicher Weise in die Wasserstoffperoxid-Lösung

Messzylinder	1	2	3	4	5	6
Filtrat	20	10	5	2,5	1	0
dest. Wasser	0	10	15	17,7	19	20
Verhältnis	0	1:1	1:3	1:7	1:19	0
Auftauchzeit in sek	3,6	3,3	3,8	23,5	38,6	–
Auftauchgeschwindigkeit in m pro sek	0,08/3,6 = 0,022	0,08/3,3 = 0,024	0,08/3,8 = 0,021	0,08/23,5 = 0,0034	0,08/38,6 = 0,0021	–

eingetaucht werden. Sie können sie nur unter die Oberfläche der Lösung getaucht oder bis auf den Boden des Becherglases gedrückt werden. Auch dass das Auftauchen der Filtrierpapierplättchen an der Oberfläche muss in gleicher Weise bestimmt werden. Die Zeit kann gestoppt werden, wenn eine Ecke des Filtrierpapierplättchens die Oberfläche erreicht oder erst wenn das Filtrierpapierplättchen ganz auf der Lösungsoberfläche schwimmt. Unter der *Geschwindigkeit* (Formelzeichen: v) eines Objekts versteht man die von ihm zurückgelegte Wegstrecke x pro Zeit t. Das Filtrierpapierplättchen muss vom Boden des Becherglases bis zur Oberfläche der Wasserstoffperoxid-Lösung die Wegstrecke x (circa 0,08 m je nach Becherglas) zurücklegen.

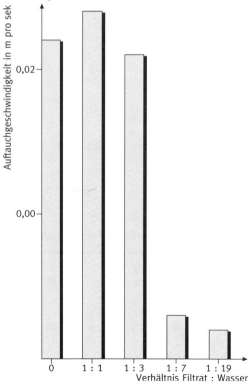

Erläuterung der Ergebnisse: In Versuchen stellte sich die Kombination 2,5 ml Filtrat und 17,5 ml dest. Wasser (Verhältnis 1:7) als optimale Enzym-Konzentration heraus. Der Mittelwert der Auftauchgeschwindigkeit lag hier bei 23,5 Sekunden. Je weniger das Filtrat verdünnt wird, umso schneller höher ist die Auftauchgeschwindigkeit, denn je mehr Katalase in der Lösung vorhanden ist, umso mehr Sauerstoff entsteht pro Zeiteinheit. Dieser bleibt an dem Filtrierpapier haften und gibt ihm Auftrieb. Bei hohen Enzym-Konzentrationen wird das Filtrierpapierplättchen sofort an die Oberfläche getragen. Die Messmethode lässt dabei keine weitere Differenzierung der Auftauchgeschwindigkeit zu. Versuch 6 (0 ml Filtrat und 20 ml dest. Wasser) dient zur Kontrolle. Der Ansatz enthält keine Katalase, also kann auch kein Wasserperoxid gespalten werden und Sauerstoff entstehen.

3 Abhängigkeit der Reaktionsgeschwindigkeit von der Substrat-Konzentration

a) *Versuchsergebnisse:* Unter der *Geschwindigkeit* (Formelzeichen: v) eines Objekts versteht man die von ihm zurückgelegte Wegstrecke x pro Zeit t. Das Filtrierpapierplättchen muss vom Boden des Becherglases bis zur Oberfläche der Wasserstoffperoxid-Lösung die Wegstrecke x (circa 0,08 m) zurücklegen.

Die Auftauchgeschwindigkeit wird als Maß für die Katalaseaktivität betrachtet. Der K_M-Wert lässt sich aus der Kurve nicht korrekt ermitteln. Die Messmethode lässt keine genauere Differenzierung der Auftauchgeschwindigkeit zu. Die kürzeste Auftauchzeit, die messbar war, betrug drei Sekunden. Somit ist die maximale Auftauchgeschwindigkeit 0,027 m/sek. Die halbmaximale Auftauchgeschwindigkeit betrug dann 0,0088 m/sek. Sie wurde erreicht bei einer Wasserstoffperoxid-Konzentration von 1,8 Prozent.

Stoffumwandlung durch Enzyme

H$_2$O$_2$-Konzentration in %	0	0,3	0,9	1,8	2,7	3,6	4,5
Auftauchzeit in sek	–	54	24	9	4,5	5	3
Auftauchgeschwindigkeit in m pro sek	–	0,08/54 = 0,0015	0,08/24 = 0,0033	0,08/9 = 0,0088	0,08/4,5 = 0,018	0,08/5 = 0,016	0,08/3 = 0,027

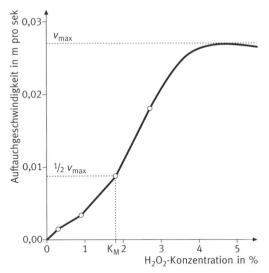

b) Die Ergebnisse verschiedener Gruppen können sehr voneinander abweichen, da die Katalase-Konzentration in den Kartoffeln in Abhängigkeit von der Kartoffelsorte, dem Alter und den Lagerbedingungen variieren kann.

Die verschiedenen Versuchsgruppen tauchen vielleicht das Filtrierpapierplättchen unterschiedlich ein oder bestimmen die Auftauchgeschwindigkeit anders. (Wird die Zeit gestoppt, wenn etwa eine Ecke des Filtrierpapierplättchens die Oberfläche erreicht oder erst wenn das Filtrierpapierplättchen ganz auf der Lösungsoberfläche schwimmt?)

Seite 35

AUFGABEN: Enzyme

1 a) Die Konzentration an freiem Substrat nimmt ab, da die Substrat-Moleküle zu Produkt-Molekülen umgesetzt werden. Da pro Substrat-Molekül ein Produkt-Molekül entsteht, steigt die Konzentration an Produkt in dem Maße an, wie die Konzentration an Substrat abnimmt.

Zu Beginn der Reaktion ist die Konzentration an freiem Enzym hoch. Sie nimmt sehr schnell fast bis auf Null ab, da alle freien Enzym-Moleküle Substrat-Moleküle binden und dann im Enzym-Substrat-Komplex vorliegen. Sobald das Substrat-Molekül zum Produkt-Molekül umgewandelt wurde, wird das Enzym-Molekül wieder frei. Es bindet aber sofort ein neues Substrat-Molekül. Daher bleibt, solange genügend Substrat vorliegt, die Konzentration an freiem Enzym null.

In dem Maße, wie zu Beginn der Reaktion die Konzentration an freiem Enzym sinkt, steigt die Konzentration an Enzym-Substrat-Komplexen. Sind alle Enzyme im Enzym-Substrat-Komplex gebunden, erreicht die Konzentration an Enzym-Substrat-Komplexen den Sättigungswert. Die Konzentration an Enzym-Substrat-Komplexen kann nur so hoch werden, wie die Konzentration an Enzym-Molekülen zu Beginn der Reaktion.

Am Ende der Reaktion sind alle Substrat-Moleküle zu Produkt-Molekülen umgesetzt. Wenn die Konzentration an freiem Substrat Null ist, zerfallen die letzten Enzym-Substrat-Komplexe in Produkt-Moleküle und Enzym-Moleküle. In dem Maße, in dem die Enzym-Substrat-Komplexe zerfallen, steigt die Konzentration an freiem Enzym und zwar solange bis alle Enzym-Moleküle frei sind und der Ausgangswert der Enzym-Konzentration wieder erreicht ist. Die Produkt-Konzentration steigt solange, wie freies Substrat vorhanden ist. Sie erreicht einen Sättigungswert, wenn alle Enzym-Substrat-Komplexe zerfallen sind.

b)

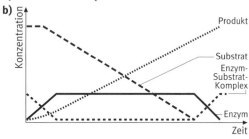

2 *Versuchsbeschreibung:* Abbau von Stärke durch Amylase in Abhängigkeit vom pH-Wert
Durchführung: Man gibt in 14 Reagenzgläser je 2,5 ml verdünnte Stärkelösung. Man fügt Iodkaliumiodid-Lösung hinzu bis zur Blaufärbung. Dann stellt man in den Reagenzgläsern durch tropfenweise Zugabe von Säure oder Lauge pH-Werte von 1 bis 14 ein. Danach gibt man zu den Lösungen eine bestimmte Menge Enzym. Die Reaktionsgeschwindigkeit kann an der Entfärbung der Stärke verfolgt werden.

3 a)

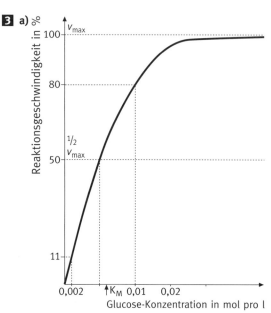

b) Die Reaktionsgeschwindigkeit bei einer Substratkonzentration von 0,002 mol/l Glucose liegt, grafisch ermittelt, bei 11 Prozent.

$$v = \frac{v_{max} \cdot [S]}{K_M + [S]}$$

[S] = Substrat-Konzentration
v = Reaktionsgeschwindigkeit
v_{max} = maximale Reaktionsgeschwindigkeit

$$v = \frac{100\,\% \cdot 0{,}002\,\text{mol/l}}{0{,}01\,\text{mol/l} + 0{,}02\,\text{mol/l}}$$

= 16,66 %.

Die Reaktionsgeschwindigkeit bei einer Substrat-Konzentration von 0,002 mol/l Glucose liegt, rechnerisch ermittelt, bei circa 16,7 Prozent.

c) Wenn sich durch die Temperaturerhöhung die Reaktionsgeschwindigkeit erhöht, entsteht pro Zeiteinheit mehr Produkt, das heißt, die Kurve verschiebt sich nach links. Der K_M-Wert verkleinert sich. Die halbmaximale Sättigung der vorgegebenen Enzymmenge ist bei geringerer Substrat-Konzentration erreicht, da sich Enzym-Moleküle und Substrat-Moleküle durch die höhere Temperatur schneller bewegen und aufeinandertreffen.

4 Hefezellen setzen Glucose mithilfe von Enzymen zu Ethanol um. Ab einer bestimmten Ethanol-Konzentration im Reaktionsgefäß nimmt die Aktivität der Hefezellen ab. Glucose wird dann nur noch sehr langsam umgesetzt. Für diese Beobachtung kann man verschiedene Hypothesen aufstellen:
- Das Substrat ist fast verbraucht und die Konzentration so gering, dass die Enzyme nicht mehr aktiviert sind. → Die Hypothese ist verifiziert, wenn sich bei erneuter Zugabe von Glucose zu dem Versuchsansatz die Aktivität der Hefezellen – sichtbar an der CO_2-Entwicklung – wieder erhöhen.
- Das Endprodukt Ethanol hemmt das Schlüsselenzym allosterisch. → Man setzt den Versuch erneut an und gibt zu dem Versuchsansatz bereits zu Beginn eine bestimmte Menge Ethanol. Ist die Aktivität der Hefezellen dann reduziert, könnte eine allosterische Hemmung vorliegen.
- Ethanol hemmt das Schlüsselenzym kompetitiv. → Eine kompetitive Hemmung lässt sich durch eine Erhöhung der Substrat-Konzentration aufheben. Man setzt den Versuch zweimal neu an und gibt zu beiden Versuchsansätzen bereits zu Beginn eine bestimmte Menge Ethanol. In den zweiten Ansatz gibt man die doppelte Glucose-Konzentration. Ist die Aktivität der Hefezellen dann im ersten Ansatz reduziert und im zweiten Ansatz nicht eingeschränkt, könnte eine kompetitive Hemmung vorliegen.
- Hefezellen werden durch hohe Ethanol-Konzentrationen abgetötet. → Man schwemmt Hefezellen vor dem Versuch einige Minuten in Ethanol-Löung (10 Vol.-%) auf, dann filtriert man die Suspension und übergießt die Hefezellen im Filterrückstand mehrmals mit Wasser. Man verwendet für den Versuch „Umsetzung von Glucose zu Ethanol" diese so vorbehandelten Hefezellen. Eine reduzierte Aktivität im Vergleich zu unbehandelten Hefezellen würde die Hypothese verifizieren.

5 a) Es werden sowohl Ethanol als auch Methanol von Alkohol-Dehydrogenase und sowohl Ethanal als auch Methanal von Aldehyd-Dehydrogenase umgesetzt. Bei der Substratspezifität von Alkohol-Dehydrogenase und Aldehyd-Dehydrogenase handelt es sich um eine Gruppenspezifität.
Die Wirkungsspezifität von Alkohol-Dehydrogenase und Aldehyd-Dehydrogenase besteht darin, von ihren Substraten Wasserstoff abzuspalten.
b) Dass ein Methanol-Rausch wesentlich länger dauert als ein Rausch, der durch Ethanol hervorgerufen wird, könnte darin begründet sein, dass Alkohol-Dehydrogenase eine geringere Affinität zu Methanol als zu Ethanol besitzt und demzufolge Methanol weniger schnell umgesetzt wird. So bleibt Methanol länger im Blut und bewirkt den rauschartigen Zustand.
c) Ethanol und Methanol konkurrieren um die Bindung im aktiven Zentrum von ADH. Bei hoher

Ethanol-Konzentration im Blut ist die Wahrscheinlichkeit größer, dass Ethanol von ADH gebunden wird. So entsteht Ethanal und nicht das giftige Methanal. Methanol wird dabei im Laufe der Zeit hauptsächlich mit dem Harn ausgeschieden.

d) Fomezipol ist ein kompetetiver Inhibitor der Alkohol-Dehydrogenase. Es lagert sich an das aktive Zentrum von ADH und verhindert dadurch, dass Methanol zu Methanal abgebaut wird. Methanol wird dabei im Laufe der Zeit hauptsächlich mit dem Harn ausgeschieden.

Zusatzinformation: Fomezipol hat eine circa 8000-fach stärkere kompetitive Hemmung des Enzyms zur Folge als Ethanol.

Die Kombination von Ethanol- und Fomezipol zur Therapie bei einer Methanolvergiftung ist unsinnig. Wenn ADH durch Fomezipol kompetitiv gehemmt ist und gleichzeitig Ethanol gegeben wird, kann Ethanol nicht umgesetzt werden und die hohe Ethanol-Konzentration im Blut schädigt die Organe und Zellen.

e) Methanol wird im Stoffwechsel zu Methanal und dann zu Methansäure oxidiert. Methansäure wird unter Beteiligung des Coenzyms Tetrahydrofolsäure zu CO_2 und H_2O abgebaut. Die Verabreichung von Tetrahydrofolsäure bei einer Methanolvergiftung soll den Abbau von Methanal fördern.

Wasser- und Mineralsalzhaushalt bei Pflanzen

1 Bedeutung der Mineralsalze für die Pflanzen

Seite 36

1 Ein Keimling einer Weide wurde in einen Pflanztopf mit 90,9 Kilogramm Erde gepflanzt. Nach fünf Jahren wog die Weide 76,8 Kilogramm und das Gewicht der Erde hat um 60 Gramm auf 90,84 Kilogramm abgenommen.
Das Gewicht der Pflanze ist somit nicht über einen „Verbrauch" der Erde zu erklären. Für die Gewichtszunahme ist einerseits eine Zufuhr von Stoffen über das Gieß- beziehungsweise Regenwasser (also Wasser und in ihm enthaltene Mineralsalze) und andererseits eine Aufnahme von Stoffen aus der Luft (also Gase wie Sauerstoff oder Kohlenstoffdioxid) verantwortlich; ebenso geringe Stoffe aus dem Boden.

Seite 38

1 Der Wasserstand im Fass wird durch das Holzbrett begrenzt (limitiert), das am kürzesten ist. In vergleichbarer Weise wird der Ertrag durch den Faktor (Mineralstoff) begrenzt, der am geringsten vorhanden ist. Hierbei muss berücksichtigt werden, dass der Gehalt an Mineralstoffen in einer Pflanze und daher auch ihr Bedarf an diesen Stoffen (vergleiche hierzu die Tabelle 36.2 im Schülerbuch, Seite 36) unterschiedlich groß ist; die Höhe des Fasses beziehungsweise die maximale Länge der Bretter entspricht also dem optimalen Bedarf an Mineralstoffen und stellt keine Absolutgröße dar. Bezogen auf den Abbau von Phosphaterzen besteht das Problem, dass innerhalb des Phosphat-Stoffkreislaufes eine ständige Ablagerung (Deposition) von Phosphaten im Meer erfolgt. Diese im Sediment gebundenen Phosphatreserven sind nur schwer und zu hohen Kosten abzubauen. Man rechnet damit, dass in knapp 100 Jahren die Phosphatreserven erschöpft sein werden und quasi für den Menschen zu einem limitierten Faktor werden.

Seite 40

1 Stickstoff kann von den Pflanzen nur in Form von Nitrat- und Ammonium-Ionen aufgenommen werden.

2 Bakterien erfüllen zahlreiche Aufgaben im Boden:
1) Knöllchen-Bakterien fixieren den atmosphärischen Stickstoff.
2) Harnstoffbakterien zersetzen Harnstoff zu Ammonium-Ionen.
3) Nitritbakterien oxidieren Ammonium-Ionen zu Nitrit-Ionen.
4) Nitratbakterien oxidieren Nitrit-Ionen zu Nitrat-Ionen.
5) Denitrifizierende Bakterien wandeln Nitrat-Ionen zu elementarem Stickstoff um.

3 Die mit Hülsenfrüchtlern in Symbiose lebenden Knöllchen-Bakterien fixieren mithilfe des Enzyms Nitrogenase den Luftstickstoff und wandeln ihn in Ammoniak um, das in den Wirtspflanzen in Aminosäuren eingebaut wird.

2 Wasser als Stabilitätsfaktor

Seite 42

1 In den turgeszenten Zellen liegt die Zellmembran direkt der Zellwand an. Das Cytoplasma enthält sehr viel Flüssigkeit, sodass der im Inneren der Zelle herrschende Druck sehr hoch ist. Die Ausdehnung des Cytoplasmas wird durch die umgebenden Zellen begrenzt. Hingegen ist aus dem Cytoplasma der plasmolysierten Zelle Wasser ausgetreten, sodass die Konzentration der Vakuolenflüssigkeit zugenommen hat und sich der Protoplast von der Zellwand gelöst hat. Im Versuch befindet sich eine hoch konzentrierte Salz- oder Zucker-Lösung zwischen dem Protoplasten und der Zellwand.

Seite 43

1 *Versuch zur Diffusion:* Zu Beginn sind die Moleküle des Lösungsmittels (Wasser) und die Moleküle des gelösten Stoffes im Gefäß unterschiedlich konzentriert: Im linken Teil des Gefäßes ist der gelöste Stoff, im rechten Teil das Wasser höher konzentriert. Aufgrund der BROWNschen Molekularbewegung bewegen sich alle Teilchen gleichermaßen und ungerichtet. Da aber die Abstoßung durch gleiche Moleküle für den gelösten Stoff im linken und durch Wasserteilchen im rechten Gefäßbereich jeweils höher ist, bewegen sich die Teilchen des gelösten Stoffes in Richtung rechts, die Wasserteilchen in Richtung links. Daher tritt im Laufe der Zeit (von B nach C) eine Teilchenwanderung und -durchmischung (Diffusion) ein, bis die Konzentrationen von Wasser und gelöstem Stoff sich ausgeglichen haben.

Versuch zur Osmose: Die Ausgangslage der Stoffkonzentrationen ist – abgesehen von der trennenden Membran in der Mitte – die gleiche wie im ersten Versuch. Auch die Wanderungsrichtungen der Teilchen sind genauso. Da aber die Membran die Teilchen des gelösten Stoffes nicht hindurchlässt (sie ist für ihn also impermeabel), können nur die Wasserteilchen hindurchdiffundieren. Sie gelangen also auf die linke Seite des Gefäßes, sodass deren Volumen (begrenzt nach rechts durch die Membran) zunimmt. Der Einstrom von Wasserteilchen endet, wenn die Konzentration an Wasserteilchen und gelösten Stoffteilchen im linken Gefäßteil ausgeglichen ist. Begrenzender Faktor für den Einstrom der Wasserteilchen ist die Dehnbarkeit der Membran (nach rechts). Diese Vorgänge spielen auch bei der Plasmolyse eine Rolle.

Seite 44

1 Trennt eine semipermeable Membran Bereiche der Lösung mit unterschiedlicher Konzentration gelöster Teilchen, so wird verhindert, dass ein Konzentrationsausgleich durch Diffusion der gelösten Teilchen erfolgt. Wasser-Moleküle können die Membran jedoch passieren. Wasser fließt von Orten höheren zu Orten niedrigeren Wasserpotentials. Das Wasserpotential sinkt mit höherer Konzentration gelöster Teilchen. Daher erfolgt ein Wasserstrom aus dem Bereich mit geringerer in den Bereich mit höherer Konzentration gelöster Teilchen.

2 Die Bezeichnung „Druck" bietet sich schon deshalb an, weil das Wasserpotential und seine Komponenten wie der Druck in Pascal angegeben werden.

Die Osmose ist häufig mit dem Aufbau eines hydrostatischen Druckes verbunden. Besteht zwischen zwei Bereichen einer Lösung, die von einer semipermeabelen Membran getrennt sind, eine Differenz im osmotischen Potential, strömt solange Wasser aus dem Bereich mit dem höheren in den Bereich mit dem niedrigeren osmotischen Potential, bis die Differenz des hydrostatischen Drucks vom Betrag her der Differenz des osmotischen Potentials entspricht. Auf diese Weise entsteht beispielsweise der Turgor einer Pflanzenzelle in einem hypotonischen Milieu. In diesem Fall wird der Zustrom von Wasser durch die Zellwand begrenzt, sodass eine Differenz im osmotischen Potential und eine entsprechende Differenz im hydrostatischen Druck erhalten bleiben.

Da der hydrostatische Druck dort aufgebaut wird, wo das Wasserpotential niedriger, also negativer, ist, wird das negative osmotische Potential als osmotischer Druck bezeichnet.

Zusatzinformation: In der Lösung wird nicht die Geschichte des Begriffes dargelegt, sondern eine für Schülerinnen und Schüler geeignete Möglichkeit, sich den Begriff verständlich zu machen.

Für viele Schülerinnen und Schüler ist es verwirrend, wenn im Zusammenhang mit der Osmose oder allgemein dem Wasserpotential nicht deutlich zwischen Gleichgewichtszuständen und Vorgängen unterschieden wird. So beschreibt die mitunter verwendete „osmotische Zustandsgleichung" einer Pflanzenzelle, die eine „osmotische Saugkraft" als Differenz zwischen Turgor und „Wanddruck" der Zelle darstellt, Situationen, die während der Vorgänge Plasmolyse oder Deplasmolyse auftreten können. Nur im Gleichgewichtszustand (Turgor = Wanddruck) wird eine Situation erreicht, in der die Differenz des hydrostatischen Drucks zwischen dem Zellinneren und der Umgebung (Turgor) gleich der negativen Differenz des osmotischen Potentials ist.

Auch Wasserbewegungen gegen das Gefälle des Wasserpotentials können zur Verwirrung führen. Bewegungen gegen das Potentialgefälle sind möglich, wenn das Wasser nicht sich selbst überlassen wird, sondern unter Energieaufwand in eine andere Bewegungsrichtung gezwungen wird. Ein alltägliches Beispiel ist das Heben eines mit Wasser gefüllten Eimers.

3 Wasser- und Stofftransport in Pflanzen

Seite 45

1 Der Wurzelballen enthält die von der jeweiligen Pflanze gebildeten Wurzeln, die aus Haupt- und Seitenwurzeln bestehen. Nur an den Wurzelspitzen befinden sich die Wurzelhaare, die für die Aufnahme von Wasser und Mineralsalzen zuständig sind. Werden diese beim Verpflanzen in einem zu großen Ausmaße abgetrennt, ist der Umfang der Wasseraufnahme begrenzt und die Pflanze kann vertrocknen.

Seite 48

1 Die Tonpartikel sind fein verteilt und besitzen eine große Oberfläche, an die sich Mineralsalz-Ionen anbinden können. Bei starken Regenfällen (oder Bewässerungen) verhindern sie ein Auswaschen (Auslaugen) des Bodens.

2 Durch Aufnahme der Ionen aus der Bodenlösung und die Freisetzung von gebundenen Kationen über den Kationenaustausch verarmt der Bodenbereich. Um in neue, mineralsalzhaltige Bodenbereiche zu gelangen, muss die Pflanze ihren Wurzelbereich erweitern, also wachsen.

Seite 50

1 Der durch das Druckstrommodell beschriebene Transport von Saccharose vom Blatt über den Stängel in Richtung Wurzelzellen basiert auf den unterschiedlichen Zucker-Konzentrationen der Zellen entlang der Transportachse Blatt-Stängel-Wurzel. Die niedrige Konzentration an Saccharose in den Phloemzellen der Wurzel wird durch die Aktivität des Enzyms Invertase aufrechterhalten, das Saccharose in Fructose und Glucose spaltet. Durch schnellen Verbrauch der Glucose in der Zellatmung kann die Rückreaktion zu Saccharose nicht mehr erfolgen, sodass der Konzentrationsgradient für Saccharose aufrechterhalten bleibt.

2 Das im Boden in hoher Konzentration vorliegende Salz erniedrigt das Wasserpotential im Boden. Da Wasser nur vom höheren zum niedrigeren Wasserpotential fließen kann, ist eine Wasseraufnahme aus dem Boden in die Pflanze nur möglich, wenn das Wasserpotential in der Pflanze niedriger ist als im Boden.

Salzpflanzen reagieren auf die hohe Salzlast des Bodens, indem sie die Ionen sammeln, so den Gradienten zum Außenmedium verkleinern und Wasserverluste reduzieren. Das aufgenommene Salz wird, bevor es im Inneren der Pflanze toxische Reaktionen hervorrufen kann, entsorgt (zum Beispiel durch Blattwurf).

Seite 53

1 Ziel ist es, neben der Erhöhung oder Sicherstellung der Wasseraufnahme die Wasserabgabe über die Spaltöffnungen und die Cuticula zu minimieren. Hierzu haben Pflanzen, die an trockenen Standorten vorkommen, eine verdickte Cuticula sowie verdickte Außenwände der Epidermis, Überzüge mit Wasser abweisendem Wachs, Behaarungen und eingesenkte Spaltöffnungen, sodass sich luftgefüllte Räume bilden, die von den umgebenden Windbewegungen kaum erfasst werden und somit wenig Wasserdampf abgeben.
Auch Pflanzen, die an salzigen Standorten vorkommen, verlieren Wasser, allerdings nicht über die Transpiration, sondern über osmotische Vorgänge.

2 Licht steuert die Bewegung von Spaltöffnungen direkt und indirekt. Bei der direkten Steuerung werden durch den Blauanteil des Lichts die Ionenpumpen der Schließzellen in Gang gesetzt. Bei der indirekten Steuerung wirkt Licht über die Fotosynthese. Durch den Verbrauch von Kohlenstoffdioxid in der Fotosynthese sinkt die Konzentration dieses Gases in den Interzellularen. Dieser Konzentrationsabfall bewirkt über einen noch unbekannten Mechanismus eine Turgorsteigerung in den Schließzellen und damit die Öffnung der Spaltöffnung. Ein Ansteigen der Kohlenstoffdioxid-Konzentration, zum Beispiel durch Zellatmung im Dunkeln, dagegen löst eine Senkung des Turgors in den Schließzellen aus, die Spaltöffnungen schließen sich. Ein Absinken der Kohlenstoffdioxid-Konzentration dagegen bewirkt aber auch im Dunkeln ein Öffnen der Spaltöffnungen.
Auch Wasser steuert die Turgorschwankungen der Schließzellen direkt und indirekt. Bei guter Wasserversorgung des Gewebes und damit auch der Schließzellen steigt deren Turgor, bei Wasserverlust sinkt der Turgor und die Spaltöffnung schließt sich. Bei der indirekten Steuerung wird bei Wassermangel im Blatt in sehr kurzer Zeit das Phytohormon Abscisinsäure gebildet. Man nimmt

an, dass es zu den Schließzellen transportiert wird und dort durch eine Turgorsenkung das Schließen der Spaltöffnung bewirkt.

4 Besondere Ernährungsformen bei Pflanzen

Seite 55

1 Das Gesetz vom Minimum besagt, dass der Umweltfaktor das Wachstum begrenzt (limitiert), der nicht in ausreichender, optimaler Menge vorliegt. Da für Pflanzen die Mengenelemente Stickstoff und Phosphor besonders wichtig sind, beeinträchtigt ein Mangel an diesen Elementen, wie er an nährstoffarmen Standorten häufig auftritt, das Pflanzenwachstum in besonderer Weise. Fleisch fressende Pflanzen sind in der Lage, durch unterschiedliche Fangvorrichtungen Insekten zu erbeuten und den in den Aminosäuren enthaltenen Stickstoff für sich zu nutzen. Auch Phosphor, der in den Nukleinsäuren der DNA enthalten ist, wird so gewonnen.

2 Die Ammenpilze sind in der Lage, den Orchideensamen Vitamine zum Wachstum zur Verfügung zu stellen. Die Art der Beziehung zwischen Orchideen und Ammenpilzen ist daher eine Symbiose. Die Orchideen stellen nach dem Auskeimen den Pilzen Fotosyntheseprodukte zur Verfügung.

Seite 56–57

PRAKTIKUM: Wasser- und Mineralsalzhaushalt

1 Wassergehalt und Aschegewicht verschiedener Pflanzenteile

a) Der Wassergehalt der Pflanzen beträgt im allgemeinen mehr als 85 Prozent, wobei Laubblätter wasserhaltiger sind als Nadelblätter, Obst mehr Wasser enthält als unterirdische Speicherorgane wie Kartoffel oder Rüben. Samen enthalten mehr kompakte Speicherstoffe als der Fruchtkörper eines Pilzes.

b) Es bieten sich grafische Darstellungen in Form von Balkendiagrammen an, die vergleichend für alle untersuchten Pflanzenteile den absoluten Wassergehalt (in Gramm) und das Aschegewicht (in Gramm) darstellen. Für jedes einzelne Pflanzenteil könnte auch ein Sektorendiagramm gewählt werden.

2 Funktion und Bau von Membranen

Im Becherglas mit destilliertem Wasser ist zunächst kein Farbstoff zu erkennen. Die Pflanzenzellen leben und besitzen intakte Membranen. Unter Umständen werden bei längerer Einwirkungszeit leichte, osmotisch bedingte Verfärbungen eintreten. Das Becherglas, das erhitzt wurde, zeigt eine Rotfärbung. Ursache ist die Abtötung der Pflanzenzellen und die damit verbundene Zerstörung der Zellmembranen, sodass der Farbstoff (Anthocyane) aus den Vakuolen austreten kann. Gleiche Wirkung, also eine Zerstörung der Zellmembran, hat der Zusatz von Ethansäure.

3 Plasmolyse und Deplasmolyse bei Pflanzenzellen

Für diesen Versuch eignen sich besonders gut Zellen mit anthocyanhaltigem, also farbigem Zellsaft, zum Beispiel Epidermiszellen der Blattunterseite von Alpenveilchen und Tradescantia oder das Epidermis-Häutchen der Roten Küchenzwiebel. Im Herbst und Winter bieten sich die blauschwarzen Beeren vom Liguster an; das Mikropräparat wird hier von dem unmittelbar unter der Epidermis liegenden weichen Fruchtfleisch hergestellt.
Wird als Plasmolytikum eine Kaliumnitrat-Lösung (0,8 mol/l) verwendet, tritt eine Konvex-Plasmolyse mit einem angerundeten Protoplasten ein. Bei Verwendung einer kombinierten Lösung aus Kaliumnitrat (0,8 mol/l) und Calciumnitrat (0,2 mol/l) sind konkave Ablösestellen zu beobachten. Die Deplasmolyse tritt nur ein, wenn man bei der Plasmolyse das Plasmolytikum nicht zu hoch konzentriert verwendet.

4 Guttation

Nach Erreichen einer ausreichend hohen Luftfeuchtigkeit in der Glocke werden an den Blattspitzen des Hafers kleine Wassertropfen zu beobachten sein. Da die Glasglocke oder Plastiktüte einen Ort hoher Luftfeuchtigkeit geschaffen haben, ist durch diese Herabsetzung des Wasserpotentials die Transpiration der Pflanze erschwert worden. Der Austritt von Wasser aus Öffnungen am Blattrand ist allein auf den Wurzeldruck der Haferkeimlinge zurückzuführen.

5 Kartoffelstifte verändern ihre Länge

In den Reagenzgläsern zeigen die Kartoffelstifte eine unterschiedliche Länge, die abhängig ist von der Konzentration der Saccharose-Lösung. In Gläsern mit einer Konzentration größer als 0,6 mol/l werden die Kartoffelstifte geschrumpft sein: die Lösung ist also hypertonisch. In dem Glas mit der Konzentration von 0,6 mol/l ist die Länge der Stifte gleich geblieben, die Lösung ist also isotonisch. In Gläsern mit einer niedrigeren Konzentration als 0,6 mol/l werden die Kartoffelstifte länger sein: die Lösung ist hypotonisch.

6 Wasseraufnahme der Wurzel (Modellversuch)

a) Während sich im Glasrohr ohne Zucker kein (oder nur ganz wenig) Wasser befindet, ist der Zucker im anderen Glasrohr wasserdurchtränkt. Die Zuckerkristalle lösen sich in den durch die Einmachhaut diffundierten Wasser-Molekülen und bilden so eine hochkonzentrierte Lösung. Durch den osmotischen Sog wird das Wasser weiter durch die selektiv-permeable Membran (Einmachhaut) gezogen.

b) Die Zucker-Lösung entspricht dem Zellplasma mit dem zuckerhaltigen Zellsaft, die Einmachhaut entspricht der äußeren Zellmembran, das Wasser dem Bodenwasser. Die Eintauchtiefe des Glasrohres kann geringen Einfluss haben auf die Menge an hineingedrücktem Wasser.

7 Osmose (Modellversuch)

Beim Eintauchen in die bläuliche Kupfersulfat-Lösung verfärbt sich das gelbliche Kristallstück sofort bräunlich, da beim Eintauchen das Kaliumhexacyanoferrat an der Oberfläche des Kristalls mit dem Kupfersulfat reagiert und sich bräunliches Kupferhexacyanoferrat in Form einer Niederschlagsmembran bildet. Die Kupfersulfat-Lösung („außen") ist niedriger konzentriert als das Kaliumhexacyanoferrat („innen"), das sich (noch) nicht in Lösung befindet. Beide Stoffe unterliegen aufgrund der BROWNschen Molekularbewegung der Diffusion. Die am Kristall zu beobachtende Blasenbildung kann nur durch einen Stoffeinstrom in Richtung Kristall erklärt werden. Dabei handelt es sich um Wasser-Moleküle, die aufgrund ihrer geringen Größe – im Gegensatz zu den großen Kaliumhexacyanoferrat-Molekülen – durch die dünne Haut aus Kupferhexacyanoferrat hindurchgelangen. Unter der Niederschlagsmembran bringen sie den Kristall in Lösung: der Kristall platzt durch die Volumenzunahme auf, reagiert mit dem Kupfersulfat und bildet an dieser Stelle wieder eine Niederschlagsmembran. Dieser Vorgang wiederholt sich immer wieder, sodass der Kristall scheinbar „wächst".

8 CASPARYscher Streifen (Modellversuch)

a) Das Wasser wird sich an der Papprolle (= Zellwand aus Cellulose) mit Ölstreifen bis zu dieser Markierung hochsaugen, an der Papprolle ohne Ölstreifen wesentlich höher wandern. Der Ölstreifen verhindert aufgrund seines Wasser abweisenden (hydrophoben) Charakters das Weiterwandern der Wasser-Moleküle.

b) Der Ölstreifen entspricht in der Wurzel dem CASPARYschen Streifen in der Endodermis. Durch ihn wird das Einwandern der im Wasser gelösten Mineralsalze kontrolliert. Der Wassereintritt über die Wurzelhaare entspricht im Versuch dem Einweichen der Papprolle. Anders als in der Wurzel verläuft der Weg der Wasseraufnahme in der Papprolle von unten nach oben; normalerweise gelangt das Wasser von den Wurzelhaaren aus über die Wurzelrinde in Richtung Zentralzylinder, also in waagerechter Richtung.

Seite 58–59

AUFGABEN: Wasser- und Mineralsalzhaushalt

1 Durch den Anschnitt werden an den Schnittstellen die Zellen des Stängels voneinander getrennt. Dies hat zur Folge, dass in den dortigen Zellen dem Zelldruck nicht mehr der Wanddruck entgegenwirkt. Je nachdem, welche osmotischen Verhältnisse vorliegen, reagiert der Gewebestreifen unterschiedlich. Ist das umgebende Medium Wasser, dann ist der Zellsaft hierzu hyperton und nimmt Wasser auf. Die Gewebestreifen saugen sich daher in ihren randständigen Zellen mit Wasser voll und wölben sich nach außen. Die gesättigte Saccharose-Lösung hingegen bildet ein hypertones Außenmedium, sodass die Zellen Wasser abgeben und die Biegung der Gewebestreifen nachlässt. Bleibt das Stängelstück unbehandelt, so kann man von mehr oder weniger isotonen Verhältnissen ausgehen.

2 a) Bei der im hypertonen Medium befindlichen Pflanzenzelle liegt eine Plasmolyse vor; der Protoplast hat sich von der Zellwand gelöst. Im isotonen Medium hingegen ist die Zelle im „Normalzustand", der Protoplast hat also überall Kontakt mit der Zellwand. Im hypotonen Medium vergrößert sich die Vakuole durch Aufnahme von Wasser. In destilliertem Wasser wird dieser Zustand noch verstärkt, wobei sich – bei einer isolierten Zelle – die Zellwand nach außen dehnen wird. Die Färbung der Vakuole verändert sich entsprechend den Verdünnungsverhältnissen durch Wasseraufnahme oder -abgabe.

Die mit Cellulase behandelte Zelle zeigt im hypertonen Medium eine kleine Größe, die beim Übergang vom isotonen zum hypotonen Außenmedium zunimmt. Gleiches gilt im Prinzip für das Rote Blutkörperchen. Im hypertonen Medium nimmt es eine so genannte „Stechapfel-Form" ein und im Normalzustand hat es eine Art „Sitzkissen-Form".

b) Im destillierten Wasser wird die Pflanzenzelle platzen, da der Gegendruck in Form der Zellwand durch die Behandlung mit dem Enzym Cellulase verloren gegangen ist. Das gleiche Schicksal trifft das Rote Blutkörperchen, das als tierische Zelle sowieso keine Zellwand aufweist.

3 a) Man erkennt, dass das Öffnen und Schließen der Spaltöffnungen von der Belichtung abhängig ist und etwas zeitverzögert einsetzt. So erreicht nach circa 65 Minuten bei 100%iger Belichtung die Stomaweite ein Maximum von 1,5 µm; bei Reduzierung der Belichtung auf die Hälfte sinkt der Wert auf circa 1,3 µm ab. Bei einsetzender Dunkelheit schließen sich die Stomata innerhalb von 10 Minuten vollständig. Licht ist daher als Einflussfaktor von großer Bedeutung für die Stomaöffnung. Es ist naheliegend, davon auszugehen, dass ein Zusammenhang mit der Fotosyntheserate und der damit einhergehenden Energieversorgung zu ziehen ist. Der CO_2-Fluss korreliert weitgehend mit der Stomaweite. Bei 100%iger Belichtung beträgt er nach 65 Minuten circa 23 relative Einheiten (r. E.) und sinkt bei Halbierung der Belichtung auf circa 17 r. E. ab. Bei Dunkelheit sinkt auch der CO_2-Fluss auf Null ab. Dies ist naheliegend, da die Aufnahme von CO_2 über die Stomata erfolgt.

b) Da die Öffnung der Spaltöffnungen nur unter CO_2-freien Bedingungen zu beobachten war, muss auch die CO_2-Konzentration als eine wichtige Steuergröße angesehen werden.

4 a) Die im Innern der Pfefferschen Zelle befindliche Rohrzucker-Lösung ist ein im Vergleich zum Außenmedium Wasser hypertones Medium. Daher wird durch die Tonwand und durch die semipermeable Membran Wasser in das Innere einströmen und die Rohrzucker-Lösung verdünnen. Der Volumenanstieg wird zur Folge haben, dass die Lösung im Steigrohr ansteigen wird, bis der Druck der Luftsäule genauso groß ist wie der osmotische Druck.

b)

Pfeffersche Zelle	Pflanzenzelle
Tonwand	Zellwand
semipermeable Membran	äußere Zellmembran
Wasser	Außenmedium (umgebende Zellen)
Rohrzucker-Lösung	Cytoplasma
Steigrohr	–
hydrostatischer Luftdruck	Gewebedruck

5 Die Wasser- und Mineralsalzaufnahme erfolgt bei Landpflanzen über die Wurzeln, genauer gesagt über die Wurzelhaare. Werden diese beim Verpflanzen in einem zu großen Umfang entfernt, dann wird die Wasseraufnahme stark beeinträchtigt. Geht zudem über ein umfangreiches Blattwerk nach dem Umpflanzen zuviel an Wasser verloren, dann wird die Pflanze vertrocknen. Ein Stutzen der Pflanze ist daher eine geeignete Maßnahme; besser ist es sicherlich, das Umpflanzen zu einem Zeitpunkt vorzunehmen, an dem das Blattwerk nicht (mehr) so stark ausgebildet ist.

6 Die Öffnungsweite der Stomata wird dadurch reguliert, dass über Ionenpumpen Kalium-Ionen aus den umliegenden Epidermiszellen in die Schließzellen transportiert werden. Als Folge hiervon strömt osmotisch Wasser nach, sodass sich das Volumen der Schließzellen erhöht und sich der Spalt – bedingt durch den besonderen anatomischen Bau der Zellen – öffnet. Bei Kalium-Mangel kann daher die treibende Kraft für den osmotisch bedingten Wassereinstrom nicht aufgebaut werden.

7 a) Die Cyanobakterien der Gattung *Anabaena* fixieren große Mengen an Stickstoff, der beim Absterben der Bakterien genutzt werden kann. Da nicht bekannt ist, ob der Wasserfarn Azolla über die Gewebeausbuchtungen, in denen die Bakterien leben, den Stickstoff aufnehmen kann, ist es am wahrscheinlichsten, dass der Stickstoff beim Absinken der Bakterien oder der abgestorbenen Wasserfarnpflanzen auf und in den Boden gelangt. Dort kann er, gebunden in Ammonium oder Nitrat, von den Reispflanzen aufgenommen werden.

b) Das Zusammenleben zwischen *Anabaena* und *Azolla* ist als Symbiose zu klassifizieren, da *Ana-*

baena geschützt in den Gewebeausbuchtungen von *Azolla* lebt und andererseits *Azolla* durch die Stickstoff-Fixierung in größerem Maße an Stickstoff gelangen kann. Der Reis profitiert einseitig sowohl von *Anabaena* als auch von *Azolla*, da er nach dem Absterben der beiden den Stickstoff aufnehmen kann; diese Art der Wechselbeziehung ist eine Art Kommensalismus.

8 **a)** Das umgebende Wasser ist für Halophyten eine hoch konzentrierte, also hypertone Lösung, die ihnen Wasser zu entziehen droht. Das Wasserpotential der Umgebung ist stärker negativ als das der Pflanzen. Der Netto-Wasserstrom würde daher von der Pflanze in Richtung Umgebung erfolgen. Es ist für die Pflanzen wichtig, sich dieser gefährlichen Salzlast zu entledigen.

b) Die Melde kann das Salz, das sie über die Wurzeln aufgenommen hat, durch aktiven Ionentransport über die Epidermiszellen und eine Stielzelle in eine Blasenzelle transportieren. Für diesen Ionentransport, der gegen das Konzentrationsgefälle erfolgt, muss Energie in Form von ATP aufgebracht werden. Die Blasenzellen können – vermutlich bei Erreichen eines bestimmten Salzgehaltes – abgeworfen werden.

Im Gegensatz hierzu wirft der Strandflieder nicht einzelne Zellen ab, sondern transportiert ebenfalls über einen aktiven Ionentransport die Salz-Ionen aus den Mesophyllzellen über Becher- und Nebenzellen in Sekretionszellen, die in die Epidermis eingelagert sind. Die Neben- und Becherzellen schirmen die Sekretionszellen von den umgebenden Epidermiszellen ab; Verdickungen der Cutinschicht nach außen dienen ebenfalls dazu, dass kein Wasser verloren geht. Aus den Sekretionszellen wird über eine spezielle Chlorid-Ionenpumpe das Salz aktiv an die Umgebung abgegeben.

Fotosynthese und Chemosynthese

1 Fotosynthese – Grundlage unseres Lebens
–

2 Chloroplasten – Orte der Fotosynthese
–

3 Der Ablauf der Fotosynthese

Seite 71

1 Siehe Schülerbuch, Seite 69–71.

2 Es gelten folgende Beziehungen:
$E = h \cdot \nu$
h = Planck'sche Konstante = $6{,}62618 \cdot 10^{-34}$ Js
ν = Lichtfrequenz
$c = \lambda \cdot \nu$
c = Lichtgeschwindigkeit = $2{,}998 \cdot 108$ ms^{-1}
λ = Wellenlänge
Daraus ergibt sich:
$E = h \cdot c/\lambda$
$E = 3{,}973 \cdot 10^{-19}$ J (bei einer Wellenlänge von 500 nm).
Der Energiegehalt pro Mol Photonen ergibt sich aus dem Wert für ein Photon multipliziert mit der Loschmidt-Zahl (N_L):
$N_L = 6{,}02205 \cdot 10^{23}$ mol^{-1}
$E = 239{,}3$ kJ/mol

Seite 72

1 Siehe Schülerbuch, Abbildung 72.1
– *Kohlenstoffdioxid-Fixierung:* 6 C_1-Körper (CO_2) bilden zusammen mit 6 C_5-Körpern (Ribulose-1,5-bisphosphat) 12 C_3-Körper (3-Phosphoglycerat).
– *Reduktionsreaktionen:* diese 12 C_3-Körper werden in 12 andere C_3-Körper (Glycerinaldehyd-3-phosphat) umgewandelt. Davon reagieren 2 C_3-Körper (Glycerinaldehyd-3-phosphat) zu 1 C_6-Körper (Glucose).
– *Regeneration des Akzeptor-Moleküls:* 10 der C_3-Körper (Glycerinaldehyd-3-phosphat) reagieren zu 6 C_5-Körpern (Ribulose-5-phosphat); die C_5-Körper reagieren weiter zu 6 C_5-Körper (Ribulose-1,5-bisphosphat).

2 Die Reaktion von 3-Phosphoglycerat zu Glycerinaldehyd-3-phosphat kann nicht stattfinden, ebenso die Reaktion von Ribulose-5-phosphat zu Ribulose-1,5-bisphosphat. Dadurch kann kein CO_2 mehr fixiert werden und es kann keine Glucose aufgebaut werden.

4 Spezialisten der Fotosynthese: C_4- und CAM-Pflanzen
–

5 Chemosynthese

Seite 80–81

PRAKTIKUM: Fotosynthese und Chemosynthese

1 Herstellen eines Rohchlorophyllextrakts
Zusatzinformation: Durch das Zerreiben der Blattstücke mit dem Quarzsand sollen möglichst viele Zellen aufgeschlossen werden. Rohchlorophyllextrakt bedeutet, dass auch alle anderen Pigmente in dieser Lösung enthalten sind. Dies wird besonders bei den Blutvarianten deutlich. Dunkelgrüne Blätter sind wegen des höheren Chlorophyllgehalts hellgrünen vorzuziehen. Für die folgenden Versuche ist ein möglichst konzentrierter Extrakt von Vorteil.

2 Dünnschichtchromatografische Trennung von Blattpigmenten
Zusatzinformation: Die Chromatografie ist eine in Wissenschaft und Praxis vielfach verwendete Methode zur Trennung von gelösten Stoffgemischen. Das Stoffgemisch wird in einer flüssigen Phase gelöst. Diese flüssige Phase trägt man auf eine feste Trägerschicht, hier Kieselgel, auf und lässt sie dann mithilfe eines Laufmittels durch die Trägerschicht fließen. Infolge der unterschiedlichen Eigenschaften der einzelnen Komponenten des Stoffgemisches (unterschiedliche Molekülgröße, Adsorption an das Trägermaterial, elektrische Kräfte, Affinität zum Laufmittel) steigen diese mit unterschiedlicher Geschwindigkeit in der Trägerschicht auf und werden so voneinander getrennt.

a) Die oberste Bande wird von den Carotinen gebildet. Darunter erhält man die blaugrüne Bande von Chlorophyll a, anschließend die gelbgrüne Bande von Chlorophyll b und gelbliche Xanthophylle. Werden Blutvarianten verwendet, findet man noch eine meist tiefrote Bande der Anthocyane. Bei Bestrahlung mit UV-Licht treten bestimmte Banden deutlicher hervor.

b) Charakteristisch für die einzelnen Komponenten ist der Rf-Wert. Das ist der Quotient zwischen der Laufstrecke des betreffenden Stoffes und der Laufstrecke der Lösungsmittelfront. Durch das Verschließen des Gefäßes wird eine Sättigung der Luft mit dem Dampf des Laufmittels bewirkt. Ist das Laufmittel am oberen Ende der Trägerschicht angelangt, lassen sich die verschiedenen Komponenten in typischen Banden erkennen.

3 Fluoreszenz von Chlorophyll in Lösung („in vitro")
Die isolierten Chlorophyll-Moleküle können die absorbierte Lichtenergie nicht an andere Moleküle wie im intakten Blatt abgeben, sodass diese Energie teilweise als Strahlung abgegeben wird. Die Fluoreszenz der konzentrierteren Lösung ist dabei etwas geringer, da das Fluoreszenzlicht durch eine starke Rückabsorbtion geschwächt beziehungsweise durch Zusammenstöße der Chlorophyll-Moleküle als Wärme abgegeben wird.

4 Abhängigkeit der Fotosynthese von abiotischen Faktoren
a) Die Fotosynthese-Effektivität wird über die Menge an abgegebenem Sauerstoff gemessen (gegebenenfalls Bläschen zählen). Ein relativ einfacher Versuchsaufbau ist der folgende: Ein frisch abgeschnittener Spross der Wasserpest wird an seiner Spitze zum Beispiel mit einer Büroklammer beschwert und dann umgekehrt in ein mit Wasser gefülltes Reagenzglas gesteckt. Die Schnittstelle des Sprosses muss einige Zentimeter unter der Wasseroberfläche liegen. Unter den unterschiedlichen Bedingungen können nun die an der Schnittstelle austretenden Sauerstoffblasen gezählt werden.

b) Hier soll beobachtet werden, wie viel Sauerstoff bei unterschiedlichen Lichtintensitäten innerhalb eines bestimmten Zeitraumes abgegeben wird. Ein möglicher Versuchsaufbau ist der folgende: Das Reagenzglas wird in einen abgedunkelten Raum unter Zwischenschaltung eines wassergefüllten rechteckigen Glasküvette als Wärmefilter nahe einer Lichtquelle gestellt. Es werden die Sauerstoffblasen pro Minute gezählt. Die Lampe wird dann schrittweise zehn Zentimeter entfernt und erneut Blasen gezählt.

c) Hier soll beobachtet werden, wie viel Sauerstoff bei unterschiedlichen Kohlenstoffdioxid-Konzentrationen im Wasser innerhalb eines bestimmten Zeitraumes abgegeben wird. Dazu kann Mineralwasser mit wenig und viel Kohlensäure und Leitungswasser miteinander verglichen werden, oder die Schüler pusten mithilfe des Strohhalmes unterschiedlich viel Ausatemluft in das Reaktionsgefäß. Es kann der gleiche Versuchsaufbau wie unter a) und b) verwendet werden.

5 Versuch zur HILL-Reaktion mit DCPIP
a) DCPIP fungiert als künstlicher Elektronen-Akzeptor. Es übernimmt die Elektronen aus der Transportkette im Bereich des Plastochinon-Pools sowie nach dem FS I. DCPIP ist im oxidierten Zustand blau und im reduziertem farblos. Nur im Fall 3 ist somit eine Entfärbung der Lösung zu beobachten, da nur in diesem Fall DCPIP zu $DCPIPH_2$ reagiert hat. Im Ansatz 1 fehlt die Belichtung; im Ansatz 2 verhindert das Herbizid DCMU den Elektronentransport zum FS I.

b) Es stand dieser Reaktion kein Kohlenstoffdioxid zur Verfügung.

6 Unterschiedliche Fotosynthese-Effektivität von C_3-, C_4-und CAM-Pflanzen

a), b) Die Blätter sind noch fotosynthetisch aktiv und verbrauchen CO_2 aus dem Gasraum des Erlenmeyerkolbens. Dadurch wird das Kohlensäuregleichgewicht der Indikatorlösung gestört und auf die Seite des CO_2 verschoben ($H_2O + CO_2 \leftrightarrow H_2CO_3^- + H^+$), die Protonen-Konzentration nimmt in diesem Zuge ab, der pH-Wert steigt.
Da der Verbrauch an CO_2 ein Maß für die Fotosyntheserate ist, zeigt die Verfärbung des Indikators an, wie intensiv die Fotosynthese abläuft: Bei C_4-Pflanzen schlägt der Indikator bei starker Beleuchtung sehr viel früher (nach circa 15 Minuten) in eine intensiv blaue Färbung (pH 7,6) um, als bei C_3-Pflanzen unter gleichen Bedingungen (erst nach circa 30 Minuten).

c) Man führt den gleichen Versuch mit einer CAM-Pflanze und einer C_3-Pflanze durch, wobei beide Ansätze mindestens 14 Stunden abgedunkelt stehen. Nach den 14 Stunden ist zu beobachten, dass die Indikatorlösung im Ansatz mit der CAM-Pflanze auch ohne Belichtung umgeschlagen ist im Gegensatz zum Ansatz der C_3-Pflanze. CAM-Pflanzen können auch über Nacht/im Dunkeln CO_2 über die Spaltöffnungen aufnehmen, im Gegensatz zu den C_3-Pflanzen.

Zusatzinformation: Da das Ansetzen der Lösungen viel Zeit in Anspruch nimmt, kann es sinnvoller sein, wenn die Lehrkraft die bereits fertigen Lösungen den Schülerinnen und Schülern zur Verfügung stellt, um Zeit zu sparen und zusätzlichen Fehlerquellen zu vermeiden.

Seite 82–83

AUFGABEN: Fotosynthese und Chemosynthese

1 1 Fotolyse des Wassers; 2 Fotosystem II; 3 Fotosystem I; 4 Elektronen; 5 Elektronen; 6 H_2O; 7 2 H^+; 8 O_2; 9 Elektronen; 10 Proton; 11 $NADP^+$; 12 $NADPH + H^+$; 13 $ADP + P$; 14 ATP; 15 CO_2; 16 CALVIN-Zyklus; 17 Glucose

2 EMERSON konnte erkennen, dass zwar auch bei einer Wellenlänge von 700 Nanometer Fotosynthese abläuft, dass aber die Zusatzbelichtung mit 680 Nanometer die Fotosynthese noch steigert. Es muss eine zusätzliche Absorptionsmöglichkeit für Licht mit kürzerer Wellenlänge vorhanden sein, die in unmittelbaren Zusammenhang mit der Absorption der längeren Wellenlänge steht. Nimmt man die heute bekannte Fotosynthese zu Hilfe, so erklärt der Versuch von EMERSON die Abhängigkeit der beiden Fotosysteme in den lichtabhängigen Reaktionen.

3 ENGELMANN konnte feststellen, dass bei Belichtung mit bestimmter Wellenlängen mehr Sauerstoff von der Fadenalge abgegeben wird als bei Belichtung mit anderen Wellenlängen. Die Sauerstoff liebenden Bakterien sammeln sich bevorzugt an den Stellen mit höherer Sauerstoff-Konzentration an. Daraus lässt sich folgern, dass die Fotosynthese an diesen Algenbereichen besonders aktiv läuft, wenn man voraussetzt, dass der Sauerstoff aus der Fotolyse des Wassers stammt.

4 a) Da die Sekundärreaktion im Stroma der Thylakoide abläuft, hat die von HILL beobachtete Reaktion nichts mit Kohlenstoffdioxid zu tun. Der frei werdende Sauerstoff stammt also vom Wasser. Offenbar spielen bei der Spaltung von Wasser Licht und Elektronen, die zur Verfügung stehen müssen, eine wesentliche Rolle. Diese Elektronen stammen von den Eisen(III)-Salzen, die durch Elektronenabgabe zu Eisen(II)-Salzen reduziert werden.

b) Bei der lichtinduzierten Spaltung von Wasser (Fotolyse) ist es neben dem Vorhandensein von Licht und Elektronen wesentlich, dass die Licht absorbierenden Chlorophylle in ihrer biologischen Einheit (Fotosystem) gebunden sind. Der Versuch mit isolierten Chlorophyllen lieferte keinen Sauerstoff.

5 Eine Sauerstoffabnahme ist nur beim Ansatz 2 zu beobachten. Beim Ansatz 1 hemmt das Herbizid DCMU bereits den Elektronentransport zum FS I. Die alleinige Lichtanregung des FS I reicht nicht aus um Methylviologen zu reduzieren.

6 Der halbzersetzte Kompost ist besser geeignet die Fotosynthese-Effektivität zu steigern, da aufgrund von erhöhter Bakterientätigkeit bei der Zersetzung des Komposts eine höhere Kohlenstoffdioxidmenge den Pflanzen zur Verfügung steht.

7 a)

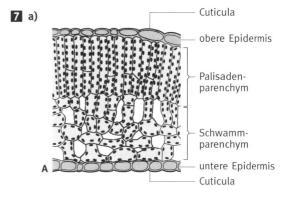

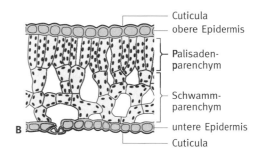

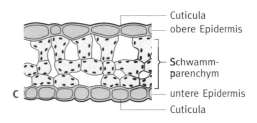

Fotosynthese und Chemosynthese

b,) c) *Makroskopische Betrachtung:* Blatt A (Sonnenblatt) ist im Vergleich zu dem Schattenblatt (C) beziehungsweise dem Blatt mit mittlerem Lichteinfall (B) kleiner und dicker.
Mikroskopische Betrachtung: Blatt A hat im Vergleich zu Blatt B und C eine dickere Cuticula. Außerdem weist es eine ausgeprägte Differenzierung des Mesophylls in das ein- oder sogar mehrschichtige Palisadenparenchym und des Schwammparenchym. Das Palisadenparenchym der Schattenblätter ist hingegen nur einschichtig; die Zellen wirken hier nicht so schmal und säulenförmig, sondern eher rundlicher und unregelmäßiger.
Die Differenzierung in Licht- und Schattenblätter stellt eine Anpassung der Pflanze an verschiedene Lichtbedingungen dar. Die dickere Cuticula bei den Sonnenblätter stellt einen höheren Verdunstungsschutz dar. Da die Sonnenblätter einen hohen Lichtintensität ausgesetzt werden, kommt auch noch genügend Lichtenergie für die Fotosynthese in tiefer gelegene Zellschichten an. Die Blätter sind insgesamt kleiner, sodass auch Cuticula gespart wird.

8 a) 1: *CAM-Pflanze:* Tag-Nacht-Unterschied beim Transpirationsquotienten, relativ niedrige maximale Fotosyntheserate und daraus resultierend auch eine niedrige Zuwachsrate
2: *C_3-Pflanze:* hoher Transpirationsquotient (wenig Anpassung an wirklich heiße Standorte), mittlere Fotosyntheserate und mittlere Zuwachsrate
3: *C_4-Pflanze:* mittlerer Transpirationsquotient, höchste Netto-Fotosyntheserate, höchste Zuwachsrate;
b) *C_3-Pflanze:* Buche, Bohne, Erbse, Zimmerlinde, Geranie
C_4-Pflanze: Mais, Fuchsschwanz, Sudangras
CAM-Pflanze: Mauerpfeffer, Fetthenne, Agave

9 a,) b) Reagenzglas 1, 2, 3 und 7: keine Blaufärbung auch nach 20 Minuten; die Pflanze ist nicht fotosynthetisch aktiv, wenn ihr Licht oder CO_2 fehlen, RG 1 dient lediglich der Kontrolle (um sicher zugehen, dass der Luftsauerstoff das Ergebnis nicht verfälscht).
Reagenzglas 4, 5 und 6: Blaufärbung, diese setzt zuerst bei RG 5 , dann bei RG 4 und zum Schluss bei RG 6 ein. Bei diesen Ansätzen ist alles für eine Fotosynthese vorhanden. Es zeigt sich zudem der Einfluss der Temperatur auf die Fotosynthese: diese ist bei niedrigeren Temperaturen geringer als bei höheren Temperaturen. Hier spielt die Temperaturabhängigkeit der an der Fotosynthese beteiligten Enzyme eine Rolle. Da *Elodea* ihr Temperaturoptimum oberhalb der Zimmertemperatur hat, ist die höchste Fotosyntheserate bei 35 Grad Celsius zu erwarten. Bei RG 7 findet aufgrund der zu hohen Temperatur keine Fotosynthese mehr statt, die entsprechenden Enzyme sind denaturiert.

10 a)–d) In der Grafik wurde der Säuregehalt von zwei verschiedenen Pflanzen im Verlauf eines Tages dargestellt. Kurve 1 zeigt höhere Säure-Konzentrationen während der Nacht, wohingegen die Kurve 2 eine relativ konstante Säure-Konzentration zeigt. Kurve 1 zeigt den Verlauf der Konzentration der Äpfelsäure während eines Tages bei einer CAM-Pflanze, Kurve 2 bei einer C_4-Pflanze.
Die Fotosynthese der C_4-Pflanzen und der CAM-Pflanzen haben gemeinsam, dass dem CALVIN-Zyklus eine spezielle Form der Kohlenstoffdioxid-Fixierung vorgeschaltet ist: mittels der PEP-Carboxylase wird Kohlenstoffdioxid an PEP gebunden. Das Produkt dieser Reaktion wird meist in das Ion einer stabilen C_4-Dicarbonsäure, meist Malat, umgelagert. Das Malat wird wieder decarboxyliert. Das dadurch freigesetzte Kohlenstoffdioxid wird mittels der RUBISCO endgültig fixiert und dem CALVIN-Zyklus zugeführt. Der entscheidende Unterschied zwischen diesen beiden Stoffwechselwegen ist, dass bei der C_4-Fotosynthese die Kohlenstoffdioxid-Fixierung durch die PEP-Carboxylase und die sich anschließende Kohlenstoffdioxid-Fixierung im CALVIN-Zyklus gleichzeitig im Licht aber räumlich voneinander getrennt ablaufen. Bei der CAM-Fotosynthese laufen beide Prozesse zwar in den gleichen Zellen ab, jedoch zeitlich getrennt, auf Tag und Nacht verteilt.
Diese Pflanzen wird man eher in heißen trockenen Gebieten antreffen. Beide Pflanzentypen können durch ihre Stoffwechselwege den Wasserverbrauch durch Transpiration während der Fotosynthese sehr verringern. CAM-Pflanzen haben ihre Stomata tagsüber nahezu geschlossen und nehmen CO_2 in der Nacht auf. C_4-Pflanzen verengen die Stomata, wodurch der stomatäre Diffusionswiderstand erhöht wird und der Diffusionsfluss des Wasserdampfes aus der C_4-Pflanze vermindert wird. Das hat zur Folge, dass sie einen hohen Diffusionsgradienten für CO_2 aufrechterhalten müssen, um einen ausreichenden Diffusionsfluss in

das Blattinnere zu gewährleisten. Auf diese Weise verbrauchen sie nur etwa die Hälfte Wasser für die Fixierung von einem Mol Kohlenstoffdioxid als C_3-Pflanzen.

11 I: Glucose im Stroma, Fixierung im CALVIN-Zyklus

II: Glucose im Stroma, Fixierung im CALVIN-Zyklus

III: Diffusion vom Thylakoidinnenraum entsprechend ihres Konzentrationsgefälles ins Stroma, der Protonengradient für die ATP-Synthese benötigt.

IV: Der Sauerstoff wird über die Stomata abgegeben.

Ernährung, Verdauung und Resorption

1 Nährstoffbedarf und gesunde Ernährung

–

2 Verdauung

Seite 87

1 Der Magen und Dünndarm sind durch eine dicke Schicht zähen Schleims vor einer Selbstverdauung geschützt. Weiter werden die Enzyme erst ausgeschüttet, wenn Nahrung aufgenommen wird, und die Enzyme werden als inaktive Vorstufen gebildet. Außerdem wird im Magen, die von den Belegzellen der Magendrüsen gebildete Salzsäure schnell wieder durch Hydrogencarbonat-Ionen neutralisiert.

2 Ein 3,5 m langer Schlauch mit einem Durchmesser von 0,04 m hätte eine Oberfläche von 0,44 m².
Umfang des Kreises (U = d · π) = 0,126 m
Fläche des 3,5 m langen Schlauches =
0,126 m · 3,5 m = 0,44 m²
Durch die Darmfalten vergrößert sich die Oberfläche um das 3-fache also auf 1,32 m². Durch die Darmzotten der Darmfalten vergrößert sich die Oberfläche um das 30-fache also auf 13,2 m². Durch die Mikrovilli der Darmepithelzellen vergrößert sich die Oberfläche um das 600-fache also auf 267 m².

Seite 89

1 Eine Natrium-Kalium-Pumpe transportiert mithilfe von ATP Natrium-Ionen aus der Darmwandzelle und Kalium-Ionen in die Zelle hinein und sorgt so für ein hohes Natrium-Ionen-Gefälle an der Membran. Glucose wird dann gegen ein Konzentrationsgefälle und im Symport mit Natrium-Ionen von Carriern aus dem Darmlumen in die Darmwandzellen transportiert. Natrium-Ionen werden dabei mit dem Konzentrationsgefälle in die Darmwandzelle transportiert. Nur wenn die Natrium-Ionen-Konzentration im Darmlumen hoch ist, können Natrium-Ionen und Glucose-Moleküle in die Darmepithelzelle hineintransportiert werden. Die Energie des Natrium-Konzentrationsgefälles wird genutzt, um Glucose gegen das Konzentrationsgefälle zu transportieren.
Da somit der Glucosetransport abhängig vom aktiven Natriumtransport aus den Darmepithelzellen ins Darmlumen ist, spricht man von einem sekundär aktiven Tranport.

2 Die Resorptionsgeschwindigkeit von Glucose durch Membranen erreicht einen Maximalwert, da ab einer bestimmten Glucose-Konzentration alle Glucose-Carrier besetzt sind.
Da Galactose- und Glucose-Moleküle durch dieselben Carrier transportiert werden, sinkt die maximale Aufnahmegeschwindigkeit von Glucose in Anwesenheit von Galactose. Sie sinkt nicht in Anwesenheit von Fructose, da Fructose- und Glucose-Moleküle durch verschiedene Carrier transportiert werden.

Seite 96–97

AUFGABEN: Ernährung und Verdauung

1 a) *Beschreibung:* Unter aeroben Bedingungen steigt die Glucose-Konzentration in 100 Minuten in der umgebenden Lösung von etwa 340 mg pro 100 ml auf etwa 780 mg pro 100 ml an. Im Darm sinkt die Glucose-Konzentration von etwa 340 mg pro 100 ml auf 100 mg pro 100 ml. Unter anaeroben Bedingungen verändert sich die Glucose-Konzentration in der umgebenden Lösung und im Darm in 100 Minuten nicht.
Erklärung: Die Glucoseaufnahme vom Darm in die Darmwandzellen ist ein sekundär aktiver Transport, der ATP benötigt. Für die ATP-Bildung in den Mitochondrien ist Sauerstoff nötig. Steht den Darmwandzellen Sauerstoff zur Verfügung, können ihre Mitochondrien ATP bilden und demzufolge können Transportprozesse, die ATP benötigen, erfolgen. Glucose kann unter aeroben Bedingungen aus dem Darmlumen in die Darmwandzellen aufgenommen werden. Von den Darmwandzellen aus gelangt Glucose, dem Konzentrationsgradienten folgend, mithilfe von Carriern ohne ATP-Verbrauch ins Blut beziehungsweise in die umgebende Lösung.

Steht den Darmwandzellen kein Sauerstoff zur Verfügung, können sie kein ATP bilden und demzufolge können keine Transportprozesse erfolgen, die ATP benötigen. Glucose kann unter anaeroben Bedingungen nicht aus dem Darmlumen in die Darmwandzellen aufgenommen werden. Die Glucose-Konzentration im Darm und in der umgebenden Lösung verändert sich nicht.

b) Erhöht man die Temperatur im Untersuchungsbad um zehn Grad Celsius erhöht sich dadurch die kinetische Energie der Teilchen. Die Wasser-Moleküle und die gelösten Glucose-Moleküle bewegen sich schneller. Sie treffen schneller auf einen Carrier. Ist die Besetzung der Carrier der bestimmende Schritt der Reaktionsgeschwindigkeit des aktiven Glucosetransports, so steigt die Glucose-Konzentration in der umgebenden Lösung schneller und eventuell auch etwas höher an. Ist der geschwindigkeitsbestimmende Schritt des aktiven Glucosetransports aber zum Beispiel die Konformationsänderung des Carriers oder die ATP-Bereitstellung, verändert sich die Reaktionsgeschwindigkeit der Gesamtreaktion nicht.

Entsprechende Überlegungen gelten für die Erniedrigung der Reaktionstemperatur um zehn Grad Celsius. Die kinetische Energie der Teilchen nimmt ab, sie bewegen sich langsamer und besetzen die Carrier langsamer.

c) Um mit einem isolierten Darmstück zu untersuchen, ob Fructose-Moleküle durch denselben Carrier wie Glucose-Moleküle transportiert werden, müsste man das isolierte Darmstück des Versuches a sowohl mit Glucose- als auch mit Fructose-Lösung füllen. Die Glucose- und Fructose-Lösungen müssten gleich konzentriert sein. Man misst dann die Veränderungen der Glucose- und Fructose-Konzentration unter aeroben Bedingungen im Darm und in der umgebenden Lösung im zeitlichen Verlauf. Stellt man dabei fest, dass nun in der umgebenden Lösung die Glucose-Konzentration im Vergleich zu Versuch a nur etwa halb so schnell ansteigt, kann man daraus schließen, dass Fructose-Moleküle durch dieselben Carrier wie Glucose-Moleküle transportiert werden. Die Zuckermoleküle konkurrieren um die Besetzung der Carrier, sodass weniger Glucose-Moleküle pro Zeiteinheit durch die Membran transportiert werden, die Geschwindigkeit der Glucose-Aufnahme also abnimmt.

Die entsprechende Argumentation müsste für die Untersuchung der Galactose-Aufnahme dargelegt werden.

Um mit einem isolierten Darmstück zu untersuchen, ob Fructose und Galactose durch aktiven oder passiven Transport resorbiert werden, müsste man entsprechend des Versuches a das isolierte Darmstück mit einer Fructose- beziehungsweise Galactose-Lösung füllen und dann sowohl unter anaeroben wie auch aeroben Bedingungen in der umgebenden Lösung die Fructose- beziehungsweise Galactose-Konzentrationen im zeitlichen Verlauf messen. Steigen unter aeroben Bedingungen die Fructose- beziehungsweise Galactose-Konzentrationen in den umgebenden Lösungen an und sinken sie dabei gleichzeitig im Darm, handelt es sich um ATP verbrauchende, aktive Transportprozesse. Unter anaeroben Bedingungen dürfte man dann keine Veränderungen der Fructose- beziehungsweise Galactose-Konzentrationen in den umgebenden Lösungen feststellen.

2 a) Bei der Normalperson steigt die Blutglucose-Konzentration in 60 Minuten von 60 mg pro dl auf 100 mg pro dl an und fällt dann in den folgenden 60 Minuten wieder auf den Ausgangswert ab. Bei der Person mit Lactasemangel bleibt sie in dieser Beobachtungszeit fast konstant. Sie schwankt zwischen 60 und 65 mg pro dl. Bei der Normalperson wird das Disacchard Lactose im Darm in die Monosaccharide Galactose und Glucose gespalten. Die Monosacharide werden resorbiert und führen zu den beobachteten Veränderungen der Blutglucose-Konzentration.

Bei der Person mit Lactasemangel kann die aufgenommene Lactose im Darm nicht in die Monosaccharide gespalten werden. Demzufolge kann man keine wesentlichen Veränderungen der Blutglucose-Konzentration in der Versuchszeit feststellen.

b) Verabreicht man den Personen zur Kontrolle einige Zeit später 25 g Glucose und 25 g Galactose und misst nachfolgend ihre Blutglucose-Konzentrationen, so dürften keine Unterschiede zwischen der Normalperon und der Person mit Lactasemangel festzustellen sein. Die Person mit Lactasemangel kann Glucose und Galactose resorbieren. Somit müsste man bei ihr nach der Aufnahme von 25 g Glucose und 25 g Galactose den gleichen Anstieg der Blutglucose-Konzentration messen, wie bei der Normalperson.

3 a) Im Weißbrotprotein ist Lysin im Verhältnis zum Lysingehalt in Körperproteinen nur zu 45 Prozent vorhanden. Weißbrotprotein kann daher nur zu

45 Prozent zu Körperprotein umgebaut werden. Die restlichen Aminosäuren werden in der Leber zum Energiegewinn abgebaut. Lysin begrenzt die biologische Wertigkeit von Weißbrotprotein. Es ist die limitierende Aminosäure von Weißbrotprotein.

b) Gelatine hat eine biologische Wertigkeit von null. Da die Aminosäure Threonin fehlt, kann es nicht zum Aufbau von Körperproteinen genutzt werden, wenn Gelantine isoliert gegessen wird.

c)

Aminosäure	Körperprotein in %	Kartoffelprotein	Eiprotein
Valin	5,06 = 100 %	5,37	8,14
Leucin	7,46 = 100 %	5,85 = 78,4 %	8,45
Isoleucin	4,59 = 100 %	4,20 = 91,5 %	7,13
Threonin	4,91 = 100 %	3,85 = 78,4 %	3,95 = 80,4 %
Methionin	2,27 = 100 %	1,51 = 66,52 %	5,27
Lysin	6,08 = 100 %	5,85 = 96,2 %	5,27 = 86,7 %
Phenylalanin	4,71 = 100 %	4,39 = 93,2 %	5,81
Tryptophan	1,29 = 100 %	1,51	1,40

Im Kartoffelprotein weicht Methionin am meisten vom durchschnittlichen Methioningehalt des Körperproteins ab. Es ist die limitierende Aminosäure von Kartoffelprotein. Methionin ist in Kartoffelprotein im Verhältnis zum Methioningehalt in Körperproteinen nur zu 66,52 Prozent vorhanden. Die biologische Wertigkeit von Kartoffelprotein beträgt 66,5 Prozent.

Im Eiprotein weicht Threonin am meisten vom durchschnittlichen Threoningehalt des Körperproteins ab. Es ist die limitierende Aminosäure von Eiprotein. Threonin ist in Eiprotein im Verhältnis zum Threoningehalt in Körperproteinen nur zu 80,4 Prozent vorhanden. Die biologische Wertigkeit von Eiprotein beträgt daher 80,4 Prozent.

4 Michprotein enthält Threonin als limitierende Aminosäure. Threonin ist in Milchprotein im Verhältnis zum Threoningehalt in Körperproteinen zu 91,4 Prozent vorhanden. Lysin kommt dagegen im Überschuss in Milchprotein vor. Lysin in Körperprotein = 6,08 Prozent, in Milchprotein 7,76 Prozent.

In Weißbrotprotein ist Lysin die limitierende Aminosäure. Sie kommt hier im Verhältnis zum Lysingehalt in Körperproteinen nur zu 45 Prozent vor. Threonin kommt in Weißbrotprotein im Verhältnis zum Körperprotein zu 67 Prozent vor.

Werden Weißbrotprotein und Milchprotein gemeinsam in einem bestimmten Verhältnis aufgenommen, kann Weißbrotprotein durch das in Milchprotein im Überschuss vorkommende Lysin ergänzt werden. In dem Gemisch aus Weißbrotprotein und Milchprotein ist Threonin die limitierende Aminosäure. Sie kommt im Verhältnis zum Körperprotein zu etwa 80 Prozent vor.

5 In Proteingemische, kann man zwei oder mehrere Proteine mit geringerer biologischer Wertigkeit so miteinander zu kombinieren, dass sie sich insgesamt zu einem Gemisch an essenziellen Aminosäuren ergänzen, welches dem durchschnittlichen Vorkommen dieser Aminosäuren in Körperproteinen weitgehend entspricht. Nahrungsproteine besitzen unterschiedliche limitierende Aminosäuren und unterschiedliche Aminosäuren, die im Überschuss vorkommen. Deshalb muss man verschiedene Proteine in einem bestimmten Verhältnis miteinander kombinieren, damit man ein Gemisch aus essenziellen Aminosäuren erhält, das dem Verhältnis der Aminosäuren in Körperproteinen weitgehend entspricht. Je ähnlicher das Gemisch aus essenziellen Aminosäuren dem Verhältnis der Aminosäuren in Körperproteinen ist, umso besser kann es zum Aufbau von Körperproteinen genutzt werden und um so weniger muss von dem Proteingemisch gegessen werden, um den Minimalbedarf an Proteinen zu decken.

Intrazellulärer Abbau energiereicher Stoffe

1 Abbau von Glucose

Seite 99

1 Durch Bindung von AMP oder ADP an ein allosterisches Zentrum der Phosphofructokinase wird die räumliche Struktur des Enzyms, speziell des aktiven Zentrums, so verändert, dass die Substrate (Fructose-6-phosphat und ATP) besser gebunden werden können. Dadurch erhöht sich die Reaktionsgeschwindigkeit insbesondere bei niedriger Substrat-Konzentration. Die allosterische Bindung von ATP bewirkt hingegen eine Änderung der Konformation des Enzyms in der Weise, dass die Substrate schlechter gebunden werden. Somit wird die Reaktionsgeschwindigkeit durch ATP herabgesetzt. ATP ist also zugleich Substrat und negativer Effektor (Hemmstoff).

Herrscht in einer Zelle Energiemangel, so ist die Konzentration an ATP gering. Die Konzentration an ADP und AMP ist entsprechend höher, da ADP und AMP durch Abspaltung von Phosphatresten aus ATP hervorgehen. Somit ist die Wahrscheinlichkeit, dass ein positiver Effektor an die Phosphofructokinase bindet, erhöht und gleichzeitig die Wahrscheinlichkeit, dass ein negativer Effektor an die Phosphofructokinase bindet, verringert. Insgesamt wird die durchschnittliche Aktivität der Enzyme also gesteigert, sodass die Umwandlung von Fructose-6-phosphat in Fructose-1,6-bisphosphat und damit auch die Glykolyse und der Glucoseabbau insgesamt beschleunigt werden. Der Energiemangel führt letztlich zu einer vermehrten Bereitstellung von Energie.

Ist umgekehrt genügend Energie in der Zelle verfügbar, also die ATP-Konzentration hoch und die Konzentration von ADP und AMP niedrig, so werden die Enzyme vorrangig gehemmt. Die Bereitstellung weiterer Energie durch den Abbau von Glucose wird hierdurch verlangsamt.

Zusatzinformation: Die Phosphofructokinase ist ein Schlüsselenzym der Glykolyse. Sie wird auch durch Citrat und Protonen (also bei einem niedrigen pH-Wert) gehemmt. Die Regulation der Aktivität der Phosphofructokinase ist die Hauptursache für den PASTEUR-Effekt, die Hemmung der Glykolyse durch die Atmung. Louis PASTEUR entdeckte bei Untersuchungen zur Hefegärung, dass sich der Verbrauch an Kohlenhydraten unter aeroben Bedingungen im Vergleich zu anaeroben Bedingungen erheblich reduziert.

Seite 100

1 Wie auch andere radioaktive Marker (*"Tracer"*) dienen radioaktive Kohlenstoff-Isotope der Markierung chemischer Substanzen, etwa der Glucose, die den zu untersuchenden Zellen zugeführt werden. Die Zellen werden unter kontrollierten Bedingungen gehalten. Nach verschiedenen Zeitspannen wird jeweils ein Teil der Zellen als Probe entnommen. In diesen Zellen kann die Radioaktivität dann in jeweils anderen chemischen Verbindungen nachgewiesen werden. Hierdurch erfährt man, in welche Verbindungen die Ausgangsstoffe nacheinander umgewandelt werden. Im Beispiel der mit ^{14}C markierten Glucose kann man auf diese Weise ermitteln über welche Stufen der Glucoseabbau erfolgt.

Seite 103

1 Der Wirkungsgrad der Zellatmung ist mit rund 38 Prozent relativ hoch. Er liegt damit noch oberhalb von modernen Dampfmaschinen und Ottomotoren (rund 30 Prozent) und ähnelt dem Wirkungsgrad von Dieselmotoren.

Zusatzinformation: Der genannte Wert für den Wirkungsgrad der Zellatmung muss allerdings als grobe Schätzung betrachtet werden. Einerseits wird dabei eine maximale Ausbeute an ATP angenommen, die tatsächlich kaum realisiert werden kann (siehe Aufgabe 2), andererseits hängt die im ATP gespeicherte Energie von den Bedingungen des Milieus ab, insbesondere von den Konzentrationen der Reaktionspartner sowie weiterer Ionen, die die Reaktion beeinflussen. Daher kann die pro Mol ATP gespeicherte Energie in der Zelle erheblich höher sein als 30,5 Kilojoule und außerdem sowohl von Zelle zu Zelle als auch innerhalb einer Zelle und zu verschiedenen Zeiten variieren. Typische Werte liegen vermutlich bei rund 50 Kilojoule pro Mol ATP, also erheblich höher als die für Standardbedingungen gültigen 30,5 Kilojoule pro Mol. Insgesamt kann der Wirkungsgrad der Zellatmung daher über 50 Prozent liegen.

2 Es müssen für jedes Mol der beim Glucoseabbau gebildeten 2 Mol FADH$_2$ und 10 Mol NADH jeweils 0,5 Mol ATP abgezogen werden. Insgesamt verringert sich die Ausbeute dann um 6 Mol ATP auf rund 30 Mol ATP pro Glucose-Molekül. Das entspricht einer gespeicherten Energie von 30 · 30,5 kJ/mol = 915 kJ/mol. Der Wirkungsgrad reduziert sich dann auf 915 kJ/mol : 2872 kJ/mol; das sind rund 32 Prozent.

Seite 105

1 *Gemeinsamkeiten* sind die unvollständige Oxidation von Nährstoffen unter Abwesenheit von freiem Sauerstoff und eine geringe Energieausbeute sowie gewöhnlich die Reduktion von NAD$^+$ oder FAD zu NADH + H$^+$ beziehungsweise FADH$_2$ und eine anschließende Übertragung der energiereichen Elektronen von NADH + H$^+$ oder FADH$_2$ auf Produkte der unvollständigen Oxidation.
Unterschiede bestehen in den Ausgangsstoffen, den Stoffwechselwegen und den Endprodukten.

2 Pro Mol Glucose werden beim aeroben Abbau in der Zelle bis zu 36 Mol ATP gebildet, beim anaeroben Abbau durch die alkoholische Gärung oder die Milchsäuregärung sind es nur zwei Mol ATP. Der anaerobe Glucoseabbau liefert also weniger als sechs Prozent der maximalen Energieausbeute des aeroben Abbaus.

2 Abbau von Aminosäuren
–

3 Abbau von Fetten

Seite 107

1 Zunächst wird die in der Zelle als Palmitat vorliegende Palmitinsäure mit einem Cofaktor A (CoA) verbunden. Pro Mol Palmitat wird dabei ein Mol ATP zu AMP gespalten, was einem Verlust von zwei Mol ATP entspricht, da zwei Mol ATP notwendig sind, um unter Bildung von zwei Mol ADP ein Mol AMP zu einem Mol ATP zu regenerieren. Das durch CoA aktivierte Palmitat wird in ein Mitochondrium eingeschleust, wo durch die β-Oxidation jeweils Einheiten aus zwei Kohlenstoff-Atomen als Acetyl-CoA abgespalten werden. Bei jedem dieser Zyklen wird pro Mol Palmitat ein Mol FAD zu FADH$_2$ und ein Mol NAD$^+$ zu NADH + H$^+$ reduziert. Da sieben Zyklen bis zur vollständigen Zerlegung von Palmitat in Acetyl-CoA durchlaufen werden, werden hierbei insgesamt sieben Mol FADH$_2$ und sieben Mol NADH + H$^+$ gebildet. Die Oxidation dieser Reduktionsäquivalente ergibt in der Atmungskette maximal 7 · 2 + 7 · 3 Mol ATP, also 35 Mol ATP. Acetyl-CoA wird in den Citratzyklus eingeschleust, wo pro Mol Acetyl-CoA ein Mol FADH$_2$, drei Mol NADH + H$^+$ sowie ein Mol GTP gebildet werden. Letzteres entspricht der Bildung eines Mols ATP. Man erhält pro Mol Acetyl-CoA also bis zu zwölf Mol ATP. Für acht Mol Acetyl-CoA ergibt das 96 Mol ATP. Insgesamt werden pro Mol Palmitat somit bis zu 35 + 96 = 131 Mol ATP gebildet. Zieht man zwei Mol ATP für die erste Bindung von CoA an Palmitat ab, erhält man insgesamt 129 Mol ATP.
Ergänzung: Die maximale Ausbeute von 129 Mol ATP pro Mol Palmitat entspricht einer chemischen Energie von etwa 129 · 30,5 Kilojoule ≈ 3930 Kilojoule.
Zusatzinformation: Die Rechnung beruht auf der Annahme von Maximalausbeuten und Standardbedingungen. Es handelt sich daher nur um eine grobe Schätzung. Beachten Sie hierzu auch die Lösungen zu den Aufgaben von S. 103.

4 Vernetzung des Zellstoffwechsels
–

5 Energiehaushalt der Tiere

Seite 110

1 Als Grundumsatz bezeichnet man die Stoffwechselrate bei minimaler Belastung des Körpers. So einfach diese Definition klingt, so schwierig ist es, die Bedingung der minimalen Belastung zu realisieren. Körperliche Aktivität würde die Stoffwechselrate sofort deutlich erhöhen, daher ist physische Ruhe unbedingt erforderlich. Schon im Sitzen wird Energie benötigt, um den Körper durch Muskelkraft in Position zu halten. Die untersuchte Person muss also liegen. Auch die Verdauung, die Thermoregulation und selbst leichter Stress oder erhöhte geistige Anstrengungen erhöhen die Stoffwechselrate. Daher muss der Verdauungstrakt entlastet sein, die Umgebungstemperatur darf weder zu hoch noch zu niedrig liegen, sodass

Prozesse zur Wärmeregulation minimiert werden, und die untersuchte Person muss auch psychisch entspannt sein.
Zusatzinformation: Die strikten Vorgaben für die Messung des Grundumsatzes sind im Tierversuch kaum zu realisieren. Die minimale, unter kontrollierten Bedingungen messbare Stoffwechselrate von Säugetieren und Vögeln wird als Basalstoffwechsel bezeichnet.

2 Der Torpor ist ein kurzzeitiger Starrezustand endothermer Tiere. Dabei werden die Stoffwechselintensität und die Körpertemperatur gesenkt. Stoffwechselrate und Körpertemperatur beeinflussen sich gegenseitig. Bei niedrigen Außentemperaturen sinkt die Körpertemperatur, wenn die Stoffwechselrate sich verringert. Andererseits nimmt der Grundumsatz deutlich mit der Körpertemperatur ab. Der minimale Energieumsatz ist also bei niedrigerer Körpertemperatur geringer als bei höherer Körpertemperatur.

Kleine Tiere haben eine im Vergleich zum Volumen große Körperoberfläche und können daher viel schneller abkühlen als große Tiere. Kleine Tiere können daher bei niedrigen Außentemperaturen kurzzeitig die Körpertemperatur und die Stoffwechselintensität deutlich verringern. Da sie zudem eine vergleichsweise hohe Stoffwechselrate haben, können sie in solchen Phasen in erheblichem Maße Energie sparen. Der Torpor kann für kleine Tiere sogar lebensnotwendig sein, da etwa während einer kalten Nacht die Nahrungsreserven des Körpers ohne Torpor schnell aufgebraucht sein würden.

Große Tiere kühlen nur vergleichsweise langsam ab. Kurze Kälteperioden machen ihnen weniger zu schaffen als kleinen Tieren. Ein kurzzeitiger Torpor würde sich für große Tiere kaum lohnen, da der Grundumsatz bei einer nur mäßig verringerten Körpertemperatur relativ hoch bleiben würde.

Der Torpor ist ein Zustand mit regulierter Körpertemperatur. Die Körpertemperatur fällt nicht unter einen bestimmten Wert; und durch eine aktive Erhöhung der Körpertemperatur kann der Torpor beendet werden. Die Kältestarre ereilt exotherme Tiere bei niedrigen Außentemperaturen. Dabei kann die Körpertemperatur nicht reguliert werden sondern passt sich völlig der Außentemperatur an.

Zusatzinformation: Hier wird zwischen einem kurzzeitigen Torpor und einem langen Winterschlaf unterschieden. In der Fachliteratur wird dieser Unterschied nicht immer gemacht. Der Winterschlaf kann auch als ein lang andauernder Torpor angesehen werden.

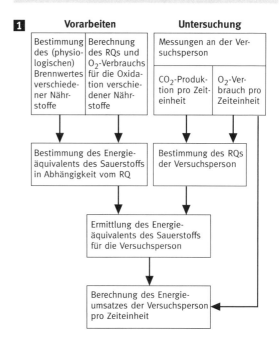

2 Aufbau A: *Beschreibung:* Durch ein Mundstück mit Ventil kann Luft durch einen Schlauch, über einen CO_2-Filter und weiter durch ein Rohrsystem in ein Gefäß ausgeatmet oder über einen am Filter vorbeiführenden Schlauch aus dem Gefäß eingeatmet werden. Das Gefäß besteht aus zwei jeweils auf einer Seite offenen Zylindern. Die nach oben weisende Öffnung des unteren Zylinders umschließt den mit der Öffnung nach unten gerichteten zweiten Zylinder. Der untere Zylinder ist zum Teil mit Wasser gefüllt. Das Wasser steht höher als der untere Rand des oberen Zylinders. Oberhalb des Wasserspiegels befindet sich ein Luftraum, in den das offene Ende des oben genannten Rohrsystems führt. Der obere Zylinder ist an einem Band aufgehängt, das über zwei Rollen durch ein Gewicht gehalten wird. An diesem Gewicht ist ein Stift befestigt, der eine Linie auf einem Diagramm zeichnet.

Erklärung: Mithilfe des Aufbaus kann sowohl der Sauerstoffverbrauch als auch die CO_2-Produktion bei der Atmung gemessen werden. Es kann also auch zur Ermittlung des Respiratorischen Quotienten verwendet werden.

Zur Bestimmung der CO_2-Produktion wird die ausgeatmete Luft über das Ventil am Mundstück zunächst durch den CO_2-Filter geleitet, wo das Kohlenstoffdioxid ausgefiltert wird. Aus der Gewichtszunahme des Filters während des Versuchs kann die ausgeatmete CO_2-Menge später bestimmt werden.

Die Luft gelangt danach in das Gefäß, wodurch der obere Zylinder angehoben wird. Das Wasser schließt den Luftraum im Gefäß luftdicht nach außen ab, ohne Bewegungen des oberen Zylinders zu verhindern. Das Gegengewicht kann so gewählt werden, dass der innere Luftdruck dem äußeren Druck, dem Normdruck oder dem Standarddruck entspricht. Bei einem konstanten äußeren Luftdruck bleibt auch der Luftdruck innerhalb des Gefäßes gleich. Eine Veränderung in der Luftmenge führt daher zu einer entsprechenden Volumenänderung im Gefäß, die durch eine Änderung der Höhe des oberen Zylinders und damit auch des am Gewicht befestigten Stiftes angezeigt wird. Der Stift markiert somit die Luftmenge im Zylinder. Dabei zeigt eine höhere Position des Stiftes eine geringere Luftmenge an.

Aus dem Gefäß wird die CO_2-freie Luft, ohne erneut den Filter passieren zu müssen, wieder eingeatmet. In den Lungen wird ihr dann durch die Atmung ein Teil des Sauerstoffs entzogen. Bevor die ausgeatmete Luft wieder in das Gefäß gelangt, wird vom CO_2-Filter alles Kohlenstoffdioxid, das der Atemluft in den Lungen zugesetzt wurde, wieder entzogen. In den Zylinder gelangt daher nur die eingeatmete Luftmenge abzüglich des der Atmung verbrauchten Sauerstoffs. Entsprechend verringert sich das Luftvolumen im Gefäß mit jedem Atemzug. Die Menge des verbrauchten Sauerstoffs kann aus dem Anstieg der aufgezeichneten Kurve abgelesen werden (da sich das Luftvolumen nach jedem Ausatmen erhöht und nach jedem Einatmen verringert, sind der Kurve Zacken überlagert, die einzelne Atemzüge anzeigen).

Aufbau B: *Beschreibung:* Ein Tier (Katze) befindet sich in einer mit Luft gefüllten Kammer innerhalb eines mit Eis, beziehungsweise Eiswasser, gefüllten Gefäßes. Dieses Gefäß ist in einen inneren und einen äußeren Bereich geteilt. Der äußere Bereich ist nach außen von einer dünnen Isolierschicht umgeben. Der innere Teil ist mit einem Abflussrohr versehen, durch das das Schmelzwasser in ein Sammelgefäß ablaufen kann. Eine Druckflasche mit Sauerstoff ist durch ein von Eis (Eiswasser) umgebenes Rohr mit der Kammer verbunden. Von der Kammer aus führt ein zweites Rohr in einen CO_2- und H_2O-Absorber. Von dort führt ein weiteres Rohr wieder zurück, das kurz vor der Gasflasche in das Rohr zwischen der Gasflasche und der Kammer mündet.

Erklärung: Durch ihre Stoffwechselaktivität erzeugt die Katze Wärmeenergie. Diese führt zum Schmelzen eines Teils des Eises im inneren Bereich des Gefäßes. Wenn das Eis zuvor eine Temperatur von null Grad Celsius hatte, kann aus der Menge des Schmelzwassers und dem bekannten Wert für die Schmelzwärme die vom Eis aufgenommene Wärmeenergie berechnet werden. Diese entspricht der von der Katze abgegebenen Wärmeenergie.

Der gekühlte äußere Teil des Gefäßes verhindert, dass Wärmeenergie aus der Umgebung in den inneren Gefäßteil gelangt und so das Ergebnis verfälscht. Aus diesem Grund wird auch der eingeleitete Sauerstoff vorgekühlt. Wenn die Temperatur beider Bereiche des Gefäßes während des Versuches stets null Grad Celsius beträgt, wird keine Wärmeenergie zwischen ihnen ausgetauscht. Dazu wird vor dem Versuchsbeginn Eis oder auch Eiswasser der Temperatur null Grad Celsius in den äußeren Bereich gefüllt. Die Temperatur bleibt dann lange Zeit konstant bei null Grad Celsius, da wegen der Isolierung nur wenig Wärmeenergie aus der Umgebung in das Gefäß gelangt. Solange sich Eis im äußeren Gefäßteil befindet, bewirkt die aufgenommene Wärmeenergie lediglich das Schmelzen von Eis, was wegen der hohen Schmelzwärme nur langsam geschieht, nicht aber eine Temperaturerhöhung des Eiswassers (siehe auch Lösung zu Aufgabe 2 auf Seite 23 des Schülerbandes). Ebenso bleibt auch die Temperatur im inneren Gefäßteil bei null Grad Celsius, solange noch Eis vorhanden ist.

Eine für das Versuchstier schädliche Anreicherung der Atemluft mit Kohlenstoffdioxid wird durch den Absorber verhindert. Die zusätzliche Absorption von Wasser verhindert eine Anreicherung der Luft mit Wasserdampf, der ebenfalls bei der Atmung abgegeben wird. Im Luftkreislauf muss ferner der verbrauchte Sauerstoff ersetzt werden, wozu die Sauerstoffflasche dient. Für Stickstoff und weitere Luftbestandteile ist der Luftkreislauf geschlossen.

Seite 115

PRAKTIKUM: Intrazellulärer Abbau energiereicher Stoffe

1 Reduktionsäquivalente der Glykolyse und Gärung

a) Im zweiten Erlenmeyerkolben verliert der Ansatz schon nach kurzer Zeit seine blauviolette Farbe. DCPIP übernimmt von NADH + H^+, das aus der Glykolyse stammt, den Wasserstoff und geht in die farblose Leuko-Form (DCPIP · H_2) über. Da im ersten Erlenmeyerkolben keine Glucose enthalten ist und keine Glykolyse abläuft, entsteht kein NADH + H^+. DCPIP wird nicht oder nur sehr langsam entfärbt. Die langsame Entfärbung lässt sich dadurch erklären, dass in der Hefesuspension noch andere Substanzen vorkommen, die als Reduktionsmittel dienen können.

b) Da DCPIP den Wasserstoff von NADH + H^+ übernimmt, steht dieser nicht mehr für die Reduktion des Acetaldehyds zum Ethanol zur Verfügung. Deshalb entsteht kein Ethanol, sondern Acetaldehyd reichert sich an.

c) Ja, denn auch bei der Milchsäuregärung wird bei der Glykolyse NADH + H^+ gebildet.

2 Vergärbarkeit verschiedener Zucker durch Hefe

Die Hefen beginnen in der Wärme Zucker zu vergären, wobei Kohlenstoffdioxid entsteht. Das Gas sammelt sich im geschlossenen Schenkel des Gärröhrchens. Je höher die Gäraktivität ist, umso mehr CO_2 entsteht in der gleichen Zeiteinheit. Die Monosaccharide Glucose und Fructose können direkt zur Gärung verwendet werden. Disaccharide müssen zunächst gespalten werden. Daher ist die CO_2-Entwicklung in der Glucose- und Fructose-Lösung am höchsten. Bei Saccharose findet man ebenfall eine CO_2-Entwicklung. Das Disaccharid kann von den Hefepilzen in die Monosaccharide gespalten werden. Sie besitzen das dafür notwendige Enzym (Saccharase). Maltose kann ebenfalls vergoren werden. Hefen besitzen Maltase. Lactase kann nicht vergoren werden. Für die Spaltung des Disaccharids in die Bestandteile Glucose und Galactose ist das Enzym Lactase notwendig. Dieses Enzym ist in Hefen nicht vorhanden.

3 Nachweis von Acetaldehyd als Zwischenprodukt bei der alkoholischen Gärung

Zusatzinformation: Das Abfangen von Acetaldehyd durch Sulfite wird industriell genutzt um Acetaldehyd zu gewinnen. Man spricht von einer Umleitung der Gärung. Aus Acetaldehyd wird zum Beispiel Glycerin hergestellt.

Versuchsbeobachtung: In Reagenzglas 2 und 3 bildet sich nach Zugabe von Natriumnitroprussiat ein blauvioletter Farbkomplex.

Im Ansatz 1 beziehungsweise Reagenzglas 1 sind nach 30 Minuten Versuchsdauer Ethanol, das Produkt der alkoholischen Gärung, enthalten; außerdem Hefezellen und vielleicht noch ein Rest von Glucose.

Dem Ansatz 2 wurde neben den Ausgangsstoffen für die alkoholische Gärung Natriumsulfit zugesetzt. Dieser bindet den Acetaldehyd, der als Zwischenprodukt bei der alkoholischen Gärung entsteht. Reagenzglas 2 enthält also die Aldehyd-Sulfit-Verbindung, außerdem Hefezellen und vielleicht noch ein Rest von Glucose.

In Reagenzglas 3 wurde zur Kontrolle der Reaktionen Acetaldehyd gefüllt.

Durch die Zugabe von Piperidin setzt man im zweiten Reagenzglas Acetaldehyd aus der Aldehyd-Sulfit-Verbindung wieder frei. Zur Kontrolle wurde auch in Reagenzglas 1 und 3 Piperidin gegeben.

Aldehyde reagieren mit Natriumnitroprussiat zu einem blauvioletten Farbkomplex. In Reagenzglas 2 reagiert der freigesetzte Acetaldehyd mit Natriumnitroprussiat zu dem blauvioletten Farbkomplex. In Reagenzglas 3 reagiert der zur Kontrolle eingefüllte Acetaldehyd mit Natriumnitroprussiat zu dem blauvioletten Farbkomplex. In Reagenzglas 1 bildet sich kein blauvioletter Farbkomplex. Der bei der Gärung als Zwischenprodukt entstehende Acetaldehyd wurde sofort zu Ethanol reduziert.

Seite 116–117

AUFGABEN: Intrazellulärer Abbau energiereicher Stoffe

1 a) Fette haben eine hohe Energiedichte. Sie eignen sich außerdem auch zur Wärmeisolation. Sie können aber nur langsam mobilisiert werden. Kohlenhydrate weisen eine geringere Energiedichte auf. Sie können aber leicht mobilisiert werden, sind überall speicherbar und können auch ohne Sauerstoff, also unter anaeroben Bedingungen, in begrenztem Maße Energie freisetzen.

b) Da Einfachzucker gut wasserlöslich und somit osmotisch wirksam sind, würde eine große Menge an Einfachzuckern das Wasserpotential in der Zelle erheblich verringern. Die Folge wäre ein massiver Wasserstrom in die Zelle und eine entsprechende Vergrößerung des Zellvolumens, beziehungsweise bei Pflanzenzellen ein erheblicher Anstieg des Turgors.

c) Glykogen wird vor allem dort gespeichert, wo eine rasche Energiebereitstellung erforderlich ist, sowie in der Leber, wo es zur Regulation des Blutzuckerspiegels und als Ausgangspunkt für die Synthese anderer Verbindungen dient. Fette müssen nicht überall verfügbar sein, da sie ohnehin nur langsam mobilisierbar sind. Da sie auch der Wärmeisolation dienen können, finden sich Fettspeicher vor allem nahe der Körperoberfläche.

Zusatzinformation: Fette dienen auch als mechanischer Schutz gegen äußere Kräfte, etwa als Fettpolster um Organe oder in der Fußsohle.

2 a) Die Summenformel der vollständigen Oxidation von Tristearylglycerol lautet:
$2\ C_{57}H_{110}O_6 + 163\ O_2 \rightarrow 114\ CO_2 + 110\ H_2O$
(siehe Tabelle 113.1 des Schülerbandes) oder
$C_{57}H_{110}O_6 + 81\frac{1}{2}\ O_2 \rightarrow 57\ CO_2 + 55\ H_2O$.

b) Die Molmasse von Tristearylglycerol beträgt:
$57 \cdot 12\ g + 110 \cdot 1\ g + 6 \cdot 16\ g = 890\ g$.
Bei der vollständigen Oxidation eines Mols Tristearylglycerol wird also die Energie $890\ g \cdot 39{,}4\ kJ/g = 35\,066\ kJ$ frei. Das ist erheblich mehr, als ein Mensch typischerweise pro Tag umsetzt.

c) Zunächst wird jedes Molekül Tristearylglycerol in ein Molekül Glycerin (Glycerol) und drei Moleküle der Fettsäure Stearinsäure, die in der Zelle als Stearat vorliegt, gespalten. Pro Mol Tristearylglycerol erhält man somit ein Mol Glycerin und drei Mol Stearat.

Zur Berechnung der ATP-Ausbeute beim Abbau der Fettsäuren kann man auf die Lösung von Aufgabe 1 der Seite 107 im Schülerband zurückgreifen. Stearinsäure ist um zwei Kohlenstoff-Atome länger als Palmitinsäure. Es werden also acht statt sieben β-Oxidation-Zyklen der β-Oxidation durchlaufen. Dabei werden insgesamt 8 Mol $FADH_2$ und 8 Mol $NADH + H^+$ gebildet. Mit den hier realistisch angenommenen Ausbeuten bei der Oxidation dieser Reduktionsäquivalente in der Atmungskette erhält man $8 \cdot 1{,}5 + 8 \cdot 2{,}5 = 32$ Mol ATP pro Mol Stearat. Aus einem Mol Stearat werden 9 Mol Acetyl-CoA gebildet. Im Citratzyklus erhält man pro Mol Acetyl-CoA ein Mol $FADH_2$ und drei Mol $NADH + H^+$ sowie ein Mol GTP. Das entspricht einer Energieausbeute von $1 \cdot 1{,}5 + 3 \cdot 2{,}5 + 1 = 10$ Mol ATP pro Mol Acetyl-CoA und damit 90 Mol ATP pro Mol Stearat. Zusammen mit den 32 Mol ATP aus den Spaltungszyklen ergibt sich eine Ausbeute von 122 Mol ATP pro Mol Stearat. Hiervon müssen 2 Mol ATP für die erste Bindung von CoA an die Fettsäure abgezogen werden, sodass netto 120 Mol ATP pro Mol Stearat übrig bleiben. Da pro Mol Tristearylglycerol drei Mol Stearat anfallen, erhält man aus dem Fettsäureabbau insgesamt (rund) 360 Mol ATP pro Mol Tristearylglycerol.

Glycerin wird über Glycerin-3-phosphat und Dihydroxyacetonphosphat in die Glykolyse eingeschleust und folgt dann weiter dem Weg des Glucoseabbaus. Es kann daher geschätzt werden, dass die ATP-Ausbeute für Glycerin etwa der halben Ausbeute für Glucose entspricht. Gemäß der Lösung von Aufgabe 2, Seite 103 des Schülerbandes, ergibt sich mit der realistischen Annahme von 1,5 Mol ATP pro Mol $FADH_2$ und 2,5 Mol ATP pro Mol $NADH + H^+$ eine Ausbeute von 30 Mol ATP pro Mol Glucose, also eine geschätzte Ausbeute von 15 Mol ATP pro Mol Glycerin.

Zusatzinformation: Tatsächlich ist der Wert etwas höher. Bei der Umwandlung von Glycerin zu Dihydroxyacetonphosphat wird ein zusätzliches Mol $NADH + H^+$ gewonnen, sodass die ATP-Ausbeute pro Mol Glycerin eher bei 17 bis 18 Mol liegt.

Insgesamt ergibt sich für den Abbau eines Mols Tristearylglycerol ein Schätzwert von 375 Mol ATP. Das entspricht einer Energie von $375 \cdot 30{,}5\ kJ$, also rund 11 440 kJ (11 437,5 kJ; eine solch genaue Angabe ist für Schätzwerte aber unangebracht). Der Wirkungsgrad des oxidativen Abbaus von Tristearylglycerol ergibt sich mit dem Ergebnis aus Teil b aus $11\,440\ kJ/35\,066\ kJ$ zu knapp 33 Prozent. Das entspricht etwa dem Wert für den Glucoseabbau (siehe Lösung der Aufgabe 2 von Seite 103 des Schülerbandes). Auch hier muss, wie beim Abbau von Kohlenhydraten, bedacht werden, dass im Zellmilieu die im ATP gespeicherte Energie und damit der Wirkungsgrad erheblich höher liegen können (siehe Lösung der Aufgabe 1 von Seite 103 des Schülerbandes).

d) Der Respiratorische Quotient für Tristearylglycerol wurde bereits in der Tabelle 113.1 des Schülerbuches als Beispiel für Fette berechnet. Er beträgt 0,70. Zur Oxidation eines Mols Tristearylglycerol werden 81,5 Mol Sauerstoff benötigt (siehe Aufgabenteil a). Unter Normbedingungen (0 °C, Angabe für Gase werden gewöhnlich für Normbedingungen gemacht, ansonsten muss die veränderte Dichte berücksichtigt werden) beträgt das Molvolumen eines Gases, hier Sauerstoff, 22,414 Liter. Bei der

Oxidation eines Mols Tristearylglycerol werden somit 81,5 · 22,414 Liter ≈ 1827 Liter verbraucht. Da bei dieser Oxidation etwa 35 066 Kilojoule frei werden (siehe Teil a), beträgt das Energieäquivalent des Sauerstoffs bei der Oxidation von Tristearylglycerol 35 066 kJ : 1827 Liter ≈ 19,2 kJ pro Liter O_2.
Dieser Wert liegt etwas unterhalb des Durchschnittswertes für Fette (19,65 kJ pro Liter O_2).

3 a) Im Citratzyklus werden zwei C-Atome in Form von Kohlenstoffdioxid abgespalten. Vom Acetyl-CoA bleibt bis zum Oxalacetat also netto kein Kohlenstoff-Atom übrig.
b) Die Decarboxylierungen im Citratzyklus werden umgangen.
Zusatzinformation: Hierzu kann man sich verschiedene Möglichkeiten ausdenken, tatsächlich geschieht es mithilfe eines weiteren Kreisprozesses, des Glyoxylatzyklus.
c) Die keimende Pflanze benötigt vor allem zum Aufbau der Zellwände große Mengen an Kohlenhydraten, speziell Glucose. Man könnte sich fragen, weshalb dann nicht gleich Kohlenhydrate als Energiespeicher verwendet werden. Fette sind aber viel kompaktere Energiespeicher als Kohlenhydrate (siehe Aufgabe 1), erlauben also bei gleicher Größe oder Masse des Samens die Speicherung einer mehrfach höheren Energiemenge als Kohlenhydrate.

4 a) Beim Glucose-Abbau werden pro Mol Glucose insgesamt zehn Mol NADH + H$^+$ und zwei Mol FADH$_2$ gebildet. In diesen ist eine Energie von 10 · 219 kJ + 2 · 200 kJ = 2 590 kJ gespeichert. Diese Energie wird bei der Oxidation in der Atmungskette pro Mol Glucose frei.
b) 2590 kJ : 2872 kJ = 0,90 oder 90 Prozent.

5 a) Das zweite Produkt ist Pyruvat:

α-Ketoglutarat + Alanin ⇌ Glutamat + Pyruvat

b) Neben dem Abbau von Aminosäuren und der Stickstoffausscheidung sind Transaminierungen auch bei der Biosynthese von Aminosäuren von Bedeutung.

6 a) *endotherm:* Bezeichnung für die Fähigkeit eines Tieres, die Körperwäme selbst zu bilden; das heißt, die Körpertemperatur durch körpereigene Wärmeproduktion erheblich über die Außentemperatur erhöhen zu können.
ektotherm: Bezeichnung für Tiere, die auf äußere Wärmequellen angewiesen sind, die also nicht dazu in der Lage sind, die Körpertemperatur durch eigene Wärmeproduktion deutlich über die Umgebungstemperatur zu erhöhen.
hömöotherm: Bezeichnung für Tiere, die ihre Körpertemperatur so regulieren, dass sie etwa konstant bleibt.
poikilotherm: Bezeichnung für Tiere, deren Körpertemperatur sich weitgehend der Umgebungstemperatur anpasst.
b) *Fledermäuse* können ihre Temperatur durch eine hohe Stoffwechselrate, das heißt durch die Produktion von Wärmeenergie im Körper, erheblich über die Außentemperatur anheben; sie sind also endotherm. Fledermäuse sind aber nicht durchgängig homöotherm. Phasenweise lassen sie in kalter Umgebung auch ihre Körpertemperatur sinken.
Tiefseefische heben ihre Körpertemperatur nicht durch eine eigene Produktion von Wärmeenergie merklich über die Außentemperatur an. Sie sind dazu gar nicht in der Lage. Folglich handelt es sich um ektotherme Tiere. Da sich ihre Körpertemperatur der Umgebungstemperatur anpasst, handelt es sich um poikilotherme Tiere. Allerdings schwankt die Körpertemperatur noch weniger als bei typischen homöothermen Tieren. Würde man den Begriff „homöotherm" ohne Berücksichtigung der Fähigkeit, die Körpertemperatur zu regulieren, einfach als „gleichwarm" definieren, müssten Tiefseefische in diese Kategorie fallen.
Die antiquierten Begriffe „Warmblüter" und „Kaltblüter" führen zu keiner sinnvollen Einteilung nach Temperaturregulationstypen, da Tiere mit ganz unterschiedlichen Fähigkeiten zur Temperaturregulation zeitweise eine hohe oder auch niedrige Körpertemperatur aufweisen können. So kann ein typischer „Warmblüter", die endotherme Fledermaus, durchaus zeitweise eine niedrige Körpertemperatur haben. Hingegen ist es möglich, dass ektotherme und poikilotherme Tiere, also typische „Kaltblüter", in warmer Umgebung hohe Körper-

temperaturen aufweisen, etwa Fische in warmem Wasser.

Zusatzinformation: Einige ektotherme Tiere, zum Beispiel manche Warane, sind in der Lage, durch geschickte Nutzung äußerer Wärmequellen die Körpertemperatur für viele Stunden weitgehend konstant zu halten. Man kann diese Tiere daher durchaus als phasenweise homöotherm bezeichnen.

c) Fledermäuse sind kleine Tiere mit hoher Stoffwechselrate. Würden sie ihre hohe Körpertemperatur in Kälteperioden beibehalten, so wären ihre Energiereserven bald aufgebraucht, zumal die meisten Fledermäuse auf Nahrung angewiesen sind, die in kalten Zeiten weniger oder gar nicht verfügbar ist. Für Fledermäuse in Regionen mit kalten Wintern ist es daher lebensnotwendig, die Körpertemperatur während des Winters stark zu senken.

7 a) In Fetten ist eine Energie von rund 39 kJ/g gespeichert. Die in 5 kg Körperfett gespeicherte Energie beträgt daher rund 5000g · 39 kJ/g = 195 000 kJ. Das mittlere Gewicht des Mannes während des Abnehmens beträgt 87,5 kg. Sein mittlerer Grundumsatz kann also zu 87,5 kg · 100 kJ/kg = 8750 kJ geschätzt werden (da es sich ohnehin um gerundete Werte handelt, könnte man auch mit 9000 kJ rechnen). Wenn er seine Aktivitäten nun so weit reduziert, dass seine Stoffwechselrate kaum über dem Grundumsatz liegt, dem Körper aber nur Energie in Höhe des halben Grundumsatzes zugeführt wird, beträgt das tägliche Energiedefizit 4375 kJ. Es werden dann 195 000 kJ : 4375 kJ/Tag = 44,6 Tage oder rund 1,5 Monate benötigt, um das Ziel zu erreichen. Tatsächlich würde es etwas schneller gehen, da die Stoffwechselrate schon bei geringfügigen Aktivitäten deutlich über dem Grundumsatz liegt.

Es wird davon ausgegangen, dass der übliche Lebenswandel des Mannes zu einer ausgeglichenen Energiebilanz führt. Die zusätzliche Aktivität, das Joggen, bedeutet dann ein tägliches Energiedefizit, das zum Abnehmen führt.

Der zusätzliche Sauerstoffbedarf beim Joggen beträgt 3 l/min und somit pro Stunde 60 min · 3 l/min = 180 l. Eingesetzt in die für typische mitteleuropäische Ernährungsweise gültige Gleichung auf Seite 113 des Schülerbuches (unter der Annahme, dass das Volumen des Sauerstoffgases bei gleichen Bedingungen gemessen wird) erhält man für den Energieumsatz pro Jogging-Stunde:

Q = 180 l · 20,3 kJ/l = 3654 kJ.

Um Fett des Energiegehaltes 195 000 kJ abzubauen, würden bei einem täglichen Energiedefizit von 3654 kJ also 195 000 kJ : 3654 kJ/Tag = 53,4 Tage benötigt. Das ist noch etwas länger als mit der ersten Strategie.

b) Besonders in Fastenzeiten muss auf eine ausgewogene Ernährung mit ausreichender Aufnahme von Vitaminen und Mineralstoffen geachtet werden. Bei einer strikten Reduktion der Nahrungsaufnahme ist das möglicherweise nicht der Fall. Vermehrte körperliche Aktivität, insbesondere Ausdauersport wie Jogging, hat hingegen als weiteren Vorteil auch einen positiven Effekt auf das Herz-Kreislauf-System. Allerdings kann durch zu viel Sport eine Schädigung von Gelenken erfolgen, insbesondere bei schweren und untrainierten Menschen.

Wie man an den Rechnungen zu a) erkennt, führen sogar drastische, einseitige Maßnahmen nicht zu einem schnellen Gewichtsverlust. Ein schneller Gewichtsverlust sollte gar nicht erst angestrebt werden. Eine langsame Gewichtsreduktion gilt allgemein nicht nur als gesünder, sondern auch als nachhaltiger. Sie kann häufig schon durch eine leichte Umstellung der Ernährungsweise bei gleichzeitig mäßiger zusätzlicher körperlicher Aktivität (zum Beispiel mäßiger Ausdauersport) erzielt werden. Je weniger drastisch die gewählten Maßnahmen sind, um so eher lassen sie sich in der Regel auch langfristig durchhalten.

Zusatzinformation: Es werden zwei Extremfälle dargestellt, die quantitativ veranschaulichen, wie sich eine reine Reduktion der Energieaufnahme mit der Nahrung beziehungsweise eine Erhöhung der körperlichen Aktivität auf die Energiebilanz auswirken. Natürlich kann man das erste Beispiel auch anders formulieren. Beispielsweise könnte bei ansonsten gleicher Lebensweise die Nahrungsaufnahme auf eine bestimmte Weise reduziert werden (täglich drei Schokoladenriegel oder zwei Flaschen Bier weglassen o. Ä.).

Die Schülerinnen und Schüler könnten auch die Aufgabe erhalten, selbst einen Diätvorschlag zu erarbeiten und sich dabei auch eigenständig über den Energiegehalt bestimmter Nahrungsmittel zu informieren. Ebenso könnten Sie ein Sportprogramm oder sogar einen kombinierten Vorschlag erarbeiten.

8 a) Fettmoleküle werden in Glycerin- und Fettsäure-Moleküle gespalten. Mithilfe der β-Oxidation werden die Fettsäuren zu Acetyl-CoA abgebaut, wobei pro zwei Kohlenstoff-Atome einer Fettsäure ein Molekül Acety-CoA gebildet wird. Glycerin-Moleküle können in die Glykolyse eingeschleust und dann weiter zu Acetyl-CoA abgebaut werden. Beim Abbau von Acetyl-CoA im Citratzyklus und in der Atmungskette wird ATP gebildet.

b) Die Oxidation von Fetten, insbesondere von Fettsäuren, liefert große Mengen Wasser (siehe Lösung zu Aufgabe 2 a).

c) Der Bär kann nur begrenzte Mengen Harnstoff im Körper speichern. Eine Ausscheidung ist auch nicht möglich, da sie einen hohen Wasserverlust mit sich bringen würde. Folglich muss der im Harnstoff gebundene Stickstoff anderweitig im Stoffwechsel verwendet werden. Dieses ist durch die Synthese von Aminosäuren möglich.

Atmung

1 Bau und Funktion der Lunge

Seite 119

1 Bei der Einatmung spaltete sich der Weg, den die Einatemluft nimmt, über die beiden Bronchien bis zu den kleinsten Bronchiolen immer mehr auf (Prinzip der Divergenz). Wenn daher die Luft beim Ausatmen den umgekehrten Weg nimmt, vereinen sich die ableitenden Röhren (Prinzip der Konvergenz). Trotz des großen Durchmessers der Luftröhre ist die Oberfläche relativ gesehen klein, verglichen mit der riesigen Oberfläche, die von den Alveolen im Inneren der Lunge gebildet wird. Der in der strömenden Luft enthaltene Wasserdampf kommt beim Ausatmen mit den Gefäßwänden in Kontakt und schlägt sich nieder. Zudem bleibt die Flüssigkeit auch an der Schleimschicht hängen, die die Bronchien bedecken.

2 Gasaustausch

Seite 121

1 Der Partialdruck für Sauerstoff im Gasgemisch der Alveole beträgt 13,8 kPa. Das in die Lungenkapillaren einströmende arterielle Blut hat hingegen nur einen Sauerstoff-Partialdruck von 5,3 kPa. Daher diffundiert aufgrund dieses Konzentrationsgradienten Sauerstoff in das Blut. Die venösen Alveolarkapillaren haben daher einen höheren Sauerstoff-Partialdruck (von 13,8 kPa) als die arteriellen Alveolarkapillaren.

2 Ein Schnorchel verlängert den Weg, den die Atemluft bis zu den Alveolen zurücklegen muss. Man zählt diesen Weg zum anatomischen Totraum, da diese Flächen nicht am Gasaustausch beteiligt sind. Die zwischen den Atemzügen in diesem Bereich hin und her bewegte Luft wird daher nicht vollständig aus den Atemwegen herausbefördert und pendelt so hin und her („Pendel-Atmung"). Zudem nimmt der Widerstand der Luft an den erweiterten Kontaktflächen des Schnorchels zu und erschwert den Gastransport in den Atemwegen.

Die empfohlene Schnorchellänge sollte 25 cm (maximal 35 cm) sein und der Durchmesser 2 bis 2,5 cm nicht überschreiten.
Bei Benutzung eines zu langen Schnorchels stellt sich zudem folgendes Problem: Während an der Wasseroberfläche ein Druck von 1 bar herrscht, würde – bei einer Schnorchellänge von 50 cm – der Druckunterschied zwischen dieser Wassertiefe und der Oberfläche 0,5 N/cm^2 betragen. Bei einer durchschnittlichen Brustkorboberfläche von 3000 cm^2 müsste bei jedem Atemzug eine Wassersäule von 1500 N angehoben (oder eher verdrängt) werden. Ein normal langer Schnorchel von 25 cm Länge erfordert hingegen nur einen Kraftaufwand von 750 N.

3 Der Gelbrandkäfer *Dytiscus marginalis* hat an der dorsalen Seite des Abdomens die Stigmen, über die er Sauerstoff aus der Luft aufnimmt. Zwischen dem Abdomen und den Deckflügeln (Elytren) befindet sich ein Luftvorrat. Dieser wird durch die gebogene Form der miteinander verfalzten Flügeldecken quasi festgehalten. Zudem befinden sich am Ende des Hinterleibes Wasser abstoßende (hydrophobe) Säume mit Haaren. Da der Schwerpunkt des Käfers sich etwas in der vorderen Hälfte befindet, ist der Hinterleib beim Auftauchen nach oben positioniert, sodass das Auftanken mit Sauerstoff erleichtert ist. Aus dieser Luftblase bezieht der Käfer beim Tauchen seine Atemluft; man spricht hierbei von einer physikalischen Kieme. Sie ist aber kompressibel, also zusammendrückbar, da beim Abtauchen durch den Wasserdruck die Luftblase zusammengedrückt wird. Als Folge werden sowohl Sauerstoff als auch Stickstoff in das umgebende Wasser abgegeben. Wenn der Käfer nun Sauerstoff verbraucht, erhöhen sich in der Luftblase der Stickstoff-Anteil und somit auch der Stickstoff-Partialdruck. Hierdurch wird verstärkt Stickstoff abgegeben, sodass die Blase kleiner wird. Der Sauerstoff kann daher nicht aus dem Wasser in die Blase hineindiffundieren, sondern der Käfer muss erneut auftauchen.

3 Regulation der Atmung

Seite 123

AUFGABEN: Atmung

1 Die über die Luftröhre einströmende Luft gelangt über den bauchseitigen Bronchus zum einen in die zum Schwanz gerichteten (caudalen) Luftsäcke, zum anderen über den rückseitigen Bronchus in die Parabronchien; dort erfolgt die Aufnahme des Sauerstoffs in die Blutbahn. Die Luft strömt von dort weiter in die kopfwärts gerichteten (cranialen) Luftsäcke. Über die Einmündungsbereiche, die hier als „Dreiwegeventil" bezeichnet werden, ist bei der Einatmung der Ausgang zur Luftröhre versperrt. Bei der Ausatmung ändert sich die Führung im Dreiwegeventil in der Weise, dass nun die Luft, die bei der Einatmung in den cranialen und caudalen Luftsäcken gespeichert wurde, aus den Luftsäcken entweichen kann. Hierbei spielt die in den caudalen Luftsäcken gespeicherte, sauerstoffreiche Luft eine besondere Rolle, da sie durch die Parabronchien geleitet wird und dem Vogel quasi als „Frischluft" zur Verfügung steht. Daher kann der Vogel sowohl beim Ein- als auch beim Ausatmen sauerstoffreiche Luft in das Blut aufnehmen.

2 Die Wasserwanze ist in der Lage, zwischen den zahlreichen Wasser abweisenden Haaren ihrer Cuticula Luft zu „speichern", die sie dann über das Tracheensystem in den Körper aufnimmt. Für Stickstoff liegt im Plastron der gleiche Partialdruck vor wie im Wasser (pN_2 = 790 mm Hg), sodass aufgrund eines fehlenden Partialdruckgradienten keine gerichtete Diffusion stattfindet. Hingegen ist der Partialdruck für Sauerstoff im Wasser mit 200 mm Hg höher als im Plastron (135 mm Hg). Der Sauerstoff diffundiert daher in das Plastron hinein. Aufgrund des Sauerstoffverbrauches durch die Zellatmung wird der Sauerstoffpartialdruck ständig auf einem niedrigeren Level gehalten als im Wasser. So ist es der Wanze möglich, über das Plastron beständig Sauerstoff aus dem Wasser aufzunehmen.

3 a) Bei einer Verletzung (zum Beispiel des Brustkorbes) gelangt Luft in den Interpleuralspalt, der sich zwischen Rippenfell (Pleura parietalis) und Lungenfell (Pleura pulmonalis) befindet und im Normalfall flüssigkeitsgefüllt ist. Der Interpleuralspalt übt auf die Lunge quasi eine „Sogwirkung" aus, indem Rippen- und Lungenfell aneinander haften bleiben während der Atmung. Wird diese natürliche Haftwirkung dadurch unterbrochen, dass Luft in den Interpleuralspalt gelangt, dann kollabiert der betroffene Lungenflügel.

b) Beim offenen Pneumothorax gelangt Luft bei der Inspiration in den Interpleuralspalt, sodass ein Lungenflügel kollabiert, der andere ist funktionstüchtig. Bei der Exspiration flacht das Zwerchfell ab, sodass die Luft durch die Wunde wieder austreten kann. Beim Ventilpneumothorax hingegen tritt ebenfalls Luft bei der Inspiration in den Interpleuralspalt ein, bei der Exspiration kann die Luft aber nicht wieder austreten, weil die Wundbereiche, zum Beispiel in Form eines Hautlappens, die Wundöffnung wie ein Ventil verschließen. Bei Abflachung des Zwerchfells kann daher die Luft nicht an dieser Stelle entweichen, sodass der Überdruck dazu führt, dass umliegende Organe, vor allem das Herz und der gesunde Lungenflügel, komprimiert werden.

Herz, Kreislauf und Blut

1 Anatomie und Funktion des Herzens

Seite 125

1 Da sich beide Herzhälften während des Herzzyklus gleich verhalten, wird in der Tabelle nur von Vorhof und Herzkammer beziehungsweise von Segel- und Taschenklappe im Singular gesprochen. Zum einen ist der Öffnungszustand in den vier Detailzeichnungen eingetragen, zum anderen kann er auch ermittelt werden aus dem Verhältnis der Drücke in den durch eine Klappe getrennten Bluträumen: So ist beispielsweise während der Austreibungsphase der Systole der Druck im Vorhof deutlicher kleiner als in der Herzkammer; daher wird das Blut aus der Herzkammer in Richtung Vorhof gedrückt und schließt die Segelklappe; gleichzeitig ist der Druck in der Herzkammer auch größer als in der Arterie, sodass das Blut aus der Kammer herausgedrückt wird und die Taschenklappe öffnet.

Phase	Segelklappe (zwischen Vorhof und Herzkammer)	Taschenklappe (zwischen Herzkammer und Arterie)
Diastole: Füllungsphase	offen	geschlossen
Systole: Anspannungsphase	offen	geschlossen
Systole: Austreibungsphase	geschlossen	offen
Diastole: Entspannungsphase	leicht geöffnet	geschlossen

2 Transportsysteme für Blut und Lymphe

Seite 128

1 In der Arterie mit dem Durchmesser 26 mm beträgt der Strömungswiderstand R ~ 0,000035. In der Kapillare ist R ~ 1 600 000 000. Mit wachsendem Durchmesser verringert sich somit der Strömungswiderstand beträchtlich. Dies ist für einen schnellen Bluttransport aus dem Herzen in den Körper oder in Richtung Lunge wichtig. Für die Abgabe der Atemgase in den Kapillaren hingegen ist es sinnvoll, dass das Blut langsam fließt. Dies wird durch einen hohen Strömungswiderstand erreicht.

2 Die Aorta hat bei minimaler Querschnittsfläche (bei einem Durchmesser von 2,6 cm beträgt sie circa 5,3 cm^2) das Blut mit dem größtem Blutdruck (fast 100 mm Hg) in sich, sodass die Fließgeschwindigkeit mit knapp 50 cm/sec sehr hoch ist. In den Verzweigungen der Aorta, den Arterien und Arteriolen, erhöht sich durch die steigende Anzahl der Blutgefäße die Gesamtquerschnittsfläche auf ungefähr 1000 bis 4000 cm^2, wohingegen sowohl der Druck als auch die Fließgeschwindigkeit abnehmen. Ursache ist der bei Verkleinerung des Blutgefäßdurchmessers ansteigende Strömungswiderstand (vergleiche Aufgabe 1). In den Kapillaren, die eine maximale Gesamtquerschnittsfläche von ungefähr 5000 cm^2 aufweisen, sinken Druck und Fließgeschwindigkeit fast auf null ab. Bei Zusammenführung der Blutgefäße zu Venolen und Venen nehmen Druck und Fließgeschwindigkeit rasch wieder zu.

3 Blut

Seite 130

1 Bei einer Plasmaspende wird dem Spender nur eine bestimmte Menge an flüssigen, also nichtzellulären Blutbestandteilen entnommen. Da es sich beim Blutplasma zu ungefähr 90 Prozent um Wasser handelt, kann dieses leicht ersetzt werden. Die Regenerationszeit für eine Blutspende, bei der auch Blutzellen entnommen werden, ist beträchtlich höher, da das rote Knochenmark diese über die pluripotenten Stammzellen erst neu bilden muss.

Seite 134

1 In Stresssituationen schüttet das Nebennierenmark Adrenalin aus, das in den Leber- und Muskelzellen den Abbau von Glykogen aktiviert und somit eine Freisetzung von Glucose einleitet. Auch das von der Nebennierenrinde gebildete Cortisol erhöht über die Gluconeogenese (in der Leber) die Blutglucose-Konzentration. Beide Hormone tragen also zur Erhöhung des Blutzuckerspiegels bei. Bei einem Diabetiker ist aber die Regulation des Blutzuckerspiegels gestört, da entweder (beim Typ-I-Diabetiker) kein Insulin produziert wird oder (beim Typ-II-Diabetiker) die Leber- und Muskelzellen aufgrund geringer Rezeptorenanzahl nicht auf Insulin reagieren.

Seite 136

PRAKTIKUM: Herz, Kreislauf und Blut

1 Blutbestandteile

a) Das unbehandelte Blut wird gerinnen, da die im Plasma vorhandenen Calcium-Ionen an der Gerinnung beteiligt sind. Wird hingegen Natriumcitrat zugegeben, dann werden die Calcium-Ionen entfernt und die Gerinnung unterbleibt. Gleiche Wirkung hat das Schlagen mit einem Schneebesen, wobei das Fibrin als fädiger Schleim am Schneebesen hängen bleibt. In den beiden Gläsern, in denen die Gerinnung verhindert wurde, trennen sich die azelluläre und die nicht-zelluläre Phase des Blutes voneinander, indem sich die Blutzellen als dunkelrote Phase unten absetzen und das Blutplasma als rötlich gelbe Phase darübersteht.

b) Leitet man Kohlenstoffdioxid in das mit Natriumcitrat behandelte Blut, dann verfärbt es sich dunkelrot; Kohlenstoffdioxid wird im Blut in gelöster Form (zehn Prozent), an das Hämoglobin (zehn Prozent) angelagert und in Form von Kohlensäure (80 Prozent) transportiert. Bei Zufuhr von Sauerstoff wird das Blut heller rot; hierbei wird der Sauerstoff überwiegend an das Hämoglobin angelagert. Die hellrote Farbe kommt durch den höheren Anteil an Sauerstoff zustande.

2 Wirkung von Autoabgasen auf den Sauerstofftransport

a) Das Blut hat zu Beginn eine normale rote Farbe, je nachdem, wie viel Sauerstoff beziehungsweise Kohlenstoffdioxid in ihm enthalten ist. Nach Zuleitung der Autoabgase wird es eine kirschrote Farbe annehmen, die auch nach Zufuhr von Sauerstoff bestehen bleibt. Dies ist ein Hinweis darauf, dass in den Autoabgasen ein Stoff enthalten ist, der sich an das Hämoglobin binden kann (hierbei eine kirschrote Farbe entstehen lässt) und eine höhere Bindungsstärke, also Affinität, zum Hämoglobin hat als der Sauerstoff, da er von ihm ja nicht verdrängt wird. Bei diesem Stoff handelt es sich um das Kohlenstoffmonooxid.

b) Nach der Anlagerung von Kohlenstoffmonooxid wird das Hämoglobin als Carboxyhämoglobin (CO-Hb) bezeichnet; die starke Affinität des Hämoglobins zu Kohlenstoffmonooxid wird durch Bindungskurve auf Seite 137 im Schülerbuch (Aufgabe 4) verdeutlicht. Folge der Einatmung von Kohlenstoffmonooxid ist eine schlechte Versorgung der Zellen mit Sauerstoff, sodass Tod durch Ersticken einsetzen kann.

3 Wirkung von Zigarettenrauch auf den Sauerstofftransport

Das Blut im Standzylinder wird – vergleichbar dem Versuch 2 – eine kirschrote Färbung annehmen und behalten. Auch hier ist das im Zigarettenrauch enthaltene Kohlenstoffmonooxid für den Farbwechsel verantwortlich.

Seite 137

AUFGABEN: Herz, Kreislauf und Blut

1 a) Grundlage der Blutgruppeneigenschaften sind die so genannten Blutgruppen-Antigene. Es handelt sich um Kohlenhydrat-Ketten auf der Oberfläche der Erythrocyten. Man unterscheidet beim AB0-System die beiden Blutgruppen-Antigene A und B. Erythrocyten mit dem Antigen A gehören zur Blutgruppe A, Erythrocyten mit dem Antigen zur Blutgruppe B, Erythrocyten ohne Antigene gehören zur Blutgruppe 0 und Erythrocyten mit beiden Antigenen gehören zur Blutgruppe AB. Im Serum einer Person befinden sich von den Plasmazellen gebildete Antikörper gegen die Blutgruppen-Antigene, die im eigenen Blut nicht vorhanden sind. Eine Person mit der Blutgruppe A hat daher Antikörper gegen die Blutgruppe B, also Antikörper Anti-B. Träger der Blutgruppen-Antigene B besitzen Antikörper Anti-A, Träger der Blutgruppe 0 haben im Serum Antikörper Anti-A und Anti-B, und Personen mit der Blutgruppe AB haben keine dieser Antikörper. Beim Rhesusfaktor handelt es sich ebenfalls um ein Antigen. Ist es vorhanden, ist der Träger Rhesus-positiv (Rh); besitzt er dieses Antigen nicht, ist er Rhesus-negativ (rh). Rhesus-negative Personen besitzen Antikörper gegen das Rhesus-Antigen; Rhesus-positive Personen haben keine Rhesus-Antikörper.

b) Das Testserum Anti-A enthält daher Antikörper Anti-B, das Testserum Anti-B enthält Antikörper Anti-A, das Testserum Anti-D (auch als anti-Rh$_0$

bezeichnet) ist das Rhesus-Testserum und enthält Antikörper gegen Rhesus-Antigen.

c) Die getestete Karte zeigt Verklumpungen (Koagulationen) in den Feldern Anti-A und Anti-D. Die Person hat daher die Blutgruppe „A-Rhesus-positiv" (A/Rh).

d) Für die Blutgruppe A/rh müsste eine Verklumpung nur im Feld Anti-A auftreten, bei der Blutgruppe 0/Rh nur im Feld Anti-D.

2 a) Der Blutdruck unterliegt beim Menschen normalen Schwankungen, die dadurch zustande kommen, dass bei der Herzkontraktion (Systole) ein Maximalwert und bei der Herzerschlaffung (Diastole) ein Minimalwert erzeugt werden. Durch die Windkesselfunktion der Aorta und der großen Arterien wird ein Absinken des Blutdrucks zwischen den Herzaktionen auf null verhindert. Diese rhythmischen Schwankungen können als Puls gefühlt werden.

b) Die Kurve A zeigt systolischen und diastolischen Blutdruck einer gesunden Person. Kurze Blutdruckänderungen durch das Aufstehen gehen auf die Lageveränderungen des Körpers zurück. Das Herz reagiert sofort mit einer kurzzeitig erhöhten Frequenz. Kleine Blutdruckänderungen treten auch beim Hinlegen auf, die vom Herz durch eine Erniedrigung der Schlagfrequenz erzeugt werden. Bei der Person in der Abbildung B kommt es beim Aufstehen nicht zu einer Blutdruckregulation, da sowohl systolischer als auch diastolischer Blutdruckwert abfallen, zum Teil sogar auf Werte, die einer Blutleere im Gehirn entsprechen, sodass Schwindel auftritt.

3 a) Die drei Diagramme zeigen die Abhängigkeit der Narkosemittel-Konzentration im Verlaufe einer knapp 17-stündigen Aufwachzeit nach einer Narkotisierung (Zeitpunkt null) in gut durchblutetem Gewebe (Gehirn), weniger durchblutetem Gewebe (Muskel) und schlecht durchblutetem Gewebe (Fettgewebe). Zusätzlich sind die Durchblutungswerte der drei Gewebe angegeben. Die Narkosemittel-Konzentration im Gehirn hat ihr Maximum nach einer Minute und im Skelettmuskel nach 100 Minuten erreicht. Im Fettgewebe steigt die Narkosemittel-Konzentration während des Untersuchungszeitraumes noch weiter an.

b) Die Narkosemittel-Konzentration steigt schon nach wenigen Sekunden im Gehirn stark an. Grund hierfür ist die starke Durchblutung des Gehirns. Kurze Zeit später steigt auch die Konzentration im Skelettmuskel stark an; dessen Durchblutung ist mit zwei bis drei Litern noch relativ stark. Das schwach durchblutete Fettgewebe hingegen nimmt nur langsam das Narkosemittel auf.

c) Die Aufnahmefähigkeit des Gehirns für das Narkosemittel ist am größten, sodass es als erstes von der Wirkung betroffen ist. Die Skelettmuskulatur ist quantitativ stark ausgeprägt, besitzt also ein größeres Volumen als das Gehirn. Seine Aufnahmekapazität ist entsprechend hoch. Da das Narkosemittel von der Skelettmuskulatur aufgenommen wird, sinkt dessen Konzentration im Gehirn stark ab. Nach zehn Minuten sind dort die Werte so niedrig, dass die narkotische Wirkung aufhört und der Patient erwacht.

4 Die Bindungskurve des Hämoglobins für Sauerstoff zeigt, dass bei niedrigem Sauerstoffpartialdruck nur geringe Sättigungswerte erreicht werden. Bei steigendem Druck nimmt die Sättigung zu; man beobachtet eine sigmoide Kurvenform. Grund ist die kooperative Anlagerung von Sauerstoff-Molekülen an das Hämoglobin-Molekül. Die Anlagerung eines Sauerstoff-Moleküls begünstigt die Anlagerung weiterer Sauerstoff-Moleküle.
Im Gegensatz hierzu wird Kohlenstoffmonooxid auch bei niedrigsten Partialdrücken maximal angelagert. Dies bedeutet, dass die Affinität des Hämoglobin-Moleküls für das Kohlenstoffmonooxid beträchtlich höher ist. Man sieht, dass bei allen Partialdrücken die Sättigung (also der Anteil an Hämoglobin-Molekülen, die mit O_2 beziehungsweise CO beladen sind) für Kohlenstoffmonooxid höher sind.
Während die maximale Sättigung für Sauerstoff mit circa 90 Prozent erst bei einem Partialdruck ab circa 13,3 kPa erreicht wird, ist die Maximalsättigung für Kohlenstoffmonooxid schon bei einem Partialdruck von circa 1,5 kPa erreicht. Die Affinität des Hämoglobins für Kohlenstoffmonooxid ist um den Faktor 200 größer als die für Sauerstoff. Bezogen auf die physiologische Situation im Organismus bedeutet dies, dass bei einer Vergiftung mit Kohlenstoffmonooxid nicht nur in den Lungenalveolen die Wahrscheinlichkeit einer Beladung des Hämoglobin-Moleküls mit Kohlenstoffmonooxid etwas höher ist als mit Sauerstoff. Vor allem im Gewebe entfaltet das Carboxyhämoglobin seine volle negative Wirkung, da es auch bei den dortigen Druckverhältnissen noch seine maximale Bindungsaffinität besitzt und das Kohlenstoffmonooxid weiter gebunden bleibt. Es stehen somit

keine freien Bindungsstellen am Hämoglobin für eine erneute Beladung mit Sauerstoff-Molekülen zur Verfügung, sodass diese Hämoglobin-Moleküle blockiert bleiben. Desoxygenierte Hämoglobin-Moleküle können aber aufgrund der hohen Affinität entweder im Gewebe oder in den Lungenalveolen leicht mit Kohlenstoffmonooxid beladen werden, sodass insgesamt der Anteil an freien Hämoglobin-Molekülen abnimmt. Dies hat negative Auswirkungen auf die Sauerstoffversorgung des Organismus.

Muskulatur und Bewegung

1 Bau und Funktion der Muskulatur
–

2 Muskelstoffwechsel

Seite 143

1 Beim anaeroben Abbau der Glucose entsteht im Rahmen der Milchsäuregärung Milchsäure (Lactat), die sich in den Muskelzellen anhäuft. Milchsäure senkt den pH-Wert. Da die Proteine im Muskel, zu denen neben den an der Kontraktion beteiligten Aktin- und Myosin-Molekülen alle an der Zellatmung beteiligten Enzyme gehören, in ihrer räumlichen Konfiguration und Funktionsfähigkeit vom pH-Wert abhängig sind, ist es nahe liegend, dass Änderungen des pH-Wertes auch zu Änderungen in der Funktionsfähigkeit führen können.

Seite 145

AUFGABEN: Muskeln und Bewegung

1 a) Die Muschel muss ihre Schalen mehrere Stunden lang zum Schutz gegen Austrocknung bei Niedrigwasser geschlossen halten. Dazu ist etwas Muskelkraft erforderlich, weil die Ligamente zwischen den Schalenklappen ansonsten die Schalen auseinanderziehen würden. Viel Kraft kann erforderlich werden, wenn die Muschel von Fressfeinden wie Seesternen angegriffen wird, die versuchen, die Schalen zu öffnen.
b) Für Langzeitkontraktionen sind Muskelfasern vorteilhaft, die wenig Energie umsetzen. Das sind die glatten Fasern der Schließmuskeln. Diese können aber nur langsam kontrahieren. Bei einer Feindannäherung muss die Muschel auch in der Lage sein, die Schalen schnell zu schließen. Diese Aufgabe erfüllen die schnelleren, aber weniger ökonomischen, quer gestreiften Fasern.
c) Im Sperrtonus bleiben die Querbrücken geschlossen, folglich wird keine Energie durch das Lösen von Querbrücken umgesetzt.

2 a) Je länger die Myosinfilamente sind, desto mehr Querbrücken können mit den umgebenden Aktinfilamenten geknüpft werden. Die Sarkomere, die „Kettenglieder" einer Myofibrille, werden also stärker und damit auch die Myofibrillen und der Muskel insgesamt.
b) Vor allem wird die maximale Kontraktionsgeschwindigkeit geringer. Die Kontraktionsgeschwindigkeit einer Muskelfaser ist die Summe der Kontraktionsgeschwindigkeiten der hintereinandergeschalteten Sarkomere. Längere Sarkomere bedeuten bei gleicher Faserlänge eine geringere Anzahl von hintereinanderliegenden Sarkomeren und damit eine Reduktion der maximalen Kontraktionsgeschwindigkeit.

3 a) Die Kontraktionsgeschwindigkeit schneller Muskeln (genauer: schneller Muskelfasern) ist hoch, sie ermüden schnell, sind schwach durchblutet, verfügen über einen geringen Myoglobingehalt, weisen bei Aktivität häufig einen anaerob Energiestoffwechsel auf und besitzen relativ wenige Mitochondrien.
b) Hühner fliegen selten, etwa bei Flucht, laufen aber viel und ausdauernd. Daher befinden sich langsame Muskeln, die durch den hohen Myoglobingehalt und die starke Durchblutung rot sind, in den Beinen, während die Flugmuskulatur schnell ist und entsprechend wenig Myoglobin enthält.

4 a) In die Versuchsanordnung ist ein Muskelpräparat eingespannt, das über einen Aktionspotentialgenerator kurze Spannungsimpulse an den Muskel aussendet und ihn zur Kontraktion veranlasst. In der Anordnung A ist der Muskel fest an der Basis des Zeigers befestigt, sodass er sich nicht verkürzen kann. Die Zeigerspitze registriert daher keine Längenverkürzung, sondern eine Änderung der Anspannung des Muskels. Dies wird als isometrische Muskelkontraktion bezeichnet.
b) Die Abbildung A zeigt, dass sich der Muskel auf einen Impuls hin in der Länge nicht ändern kann. Dennoch üben die in den Filamenten abknickenden Myosinköpfe eine Zugkraft aus, die als Spannung gemessen werden kann. Lösen sich die Myosinköpfe wieder vom Aktinfilament, dann lässt die Spannung nach, die Kurve sinkt ab.
Die Kurven in Abbildung B zeigen zum einen (in blau) das Membranpotential, zum anderen (in rot) das Ausmaß der Muskelkontraktion.

Der Spannungsverlauf beim Membranpotential ist der eines typischen Aktionspotentials, das an der Muskelfaserzelle als Endplattenpotential bezeichnet wird und sich über die so genannten T-Tubuli ausbreitet. Die Muskelkontraktion setzt zeitverzögert (nach Ablauf der Latenzzeit ①) ein, da die Weiterleitung des Aktionspotentials in den T-Tubuli sowie die Freisetzung der Calcium-Ionen aus dem Sarkoplasmatischen Retikulum Zeit benötigt. Nach Freisetzung der Calcium-Ionen binden diese an die Troponin-Molekülke, sodass die – durch das Tropomyosin blockierten – Anlagerungsstellen am Aktinfilament für die Myosinköpfe freigelegt werden und eine Kontraktion beginnen kann. Nach Erreichen der maximalen Muskelkontraktion (②) erden die Calcium-Ionen wieder in das Sarkoplasmatische Retikulum zurücktransportiert, sodass die Muskelkontraktion auf null zurück geht (③).

c) Im Messpunkt 2 sind die Myosin- und Aktinfilamente weit ineinander verschoben, die Myosinköpfe im abgeknickten Zustand. Am Messpunkt 3 ist der Muskel entspannt, die Filamente daher nicht ineinander verschoben.

Muskelkontraktion (schematisch)

d) Nach Einlaufen eines Aktionspotenzials werden Calcium-Ionen aus dem Sarkoplasmatischen Retikulum ausgeschüttet. Innerhalb der so genannten Latenzzeit diffundieren sie zu den Aktinfilamenten und lösen dort am Aktinfilament die Freigabe der Bindungsstellen für die Myosinköpfe aus. Daraufhin tritt die Anlagerung der Myosinköpfe an die Aktinfilamente ein, in deren Folge die Köpfe abknicken und die Filamente ineinander verschieben.

5 a) Im Muskel laufen vor der Schlachtung vermutlich alle Prozesse des Glucoseabbaus, also Glykolyse, Citratzyklus und Atmungskette, ab. Der niedrige ADP-, der hohe ATP-Pegel und die NAD-Konzentration weisen daraufhin, dass die Atmungskette abläuft. Es liegen Energiereserven in Form von Kreatin, Kreatinphosphat und Glykogen vor. Die niedrigen Werte von Glucose-1-phosphat, Glucose-6-phosphat und Fructose-1,6-bisphosphat als typische „Glykolyse-Substanzen" zeigen, dass die Glykolyse abläuft. Der niedrige Milchsäuregehalt zeigt, dass die Glucose aerob abgebaut wird und keine Gärungsprozesse erfolgen.

b) Infolge der Schlachtung werden Blutkreislauf und Sauerstoffversorgung des Muskels unterbrochen. Eine kurze Zeit werden alle stoffwechselphysiologischen Vorgänge weiterablaufen. Vor allem die – über den Glykogenabbau gespeiste – Glykolyse verläuft ungestört; allerdings kann gebildete Milchsäure nicht mehr abtransportiert werden und reichert sich im Muskel an. Zudem verliert der Muskel seine Dehnbarkeit, da ATP als „Weichmacher" wegfällt: Es tritt Totenstarre ein. Infolge des Strukturzerfalls der Proteine verschwindet die Totenstarre nach einiger Zeit wieder.

Exkretion und Wasserhaushalt

1 Bau und Funktion der Säugetierniere
–

2 Wasser- und Salzhaushalt des Menschen

Seite 148

1 Alkohol hemmt die ADH-Freisetzung. ADH ist im Körper dafür verantwortlich, Wasser zurückzuhalten. Durch die ADH-Freisetzung werden vermehrt Wasserkanalproteine, Aquaporine, in die Wände der Sammelrohre eingebaut, sodass sich die Wasserpermeabilität in den Sammelrohren erhöht. Wasser diffundiert infolgedessen vermehrt ins umliegende Gewebe und gelangt zurück ins Blut. So wird dann mit dem Harn weniger Wasser ausgeschieden. Beim Konsum von Alkohol und Hemmung der ADH-Freisetzung ist die Wasserausscheidung über die Nieren erheblich höher als ohne Alkoholkonsum. Außerdem werden dem Körper, besonders beim Biergenuss, große Mengen an Flüssigkeit zugeführt. Das Blutvolumen erhöht sich. Zusammen führen die beiden Faktoren zu einem erhöhten Harndrang. Der nachfolgende Wassermangel im Körper führt zum „Nachdurst".

2 Bei einer hohen osmotischen Konzentration des Blutes strömt Wasser aufgrund des osmotischen Gefälles aus den Gewebszellen ins Blut. Dadurch erhöht sich das Blutvolumen und der Blutdruck steigt. Die Freisetzung der Hormone des RAA-Systems wird gehemmt. Infolgedessen erhöht sich die Wasser- und Salzausscheidung durch die Niere.

3 Bei einem hohen Blutverlust ist die Osmolarität des Blutes zunächst unverändert aber das Blutvolumen und der Blutdruck stark erniedrigt. Eines der Blutdruckregulationssysteme, welches dann wirksam wird, ist das RAA-System. Bei einem stärkeren Blutdruckabfall kommt es zur Freisetzung von Renin aus der Niere, welches das Hormon Angiotensin II aktiviert. Dieses verengt die Blutgefäße, wodurch der Blutdruck ansteigt. Weiter stimuliert Angiotensin II die Sekretion von Aldosteron durch die Nebenniere. Aldosteron steigert die tubuläre Resorption von Natrium-Ionen und Wasser. Beide Effekte dienen dazu, den Blutdruck zu erhöhen.

Zusatzinformationen: Bei einem Blutdruckabfall infolge einer schweren Blutung, benötigt das RAA-System etwa 20 Minuten um voll wirksam zu werden. Die nervösen Reflexe und das Noradrenalin-Adrenalin-System reagieren wesentlich schneller, aber das RAA-System hat eine länger anhaltende Wirkung.

Seite 151

AUFGABEN: Exkretion und Wasserhaushalt

1 Im kapselnahen Tubulus liegt die osmotische Konzentration im Primärharn bei 300 Osmomol pro Milliliter. Sie bleibt konstant bei diesem Wert da Glucose und Aminosäuren sowie Na^+- und K^+-Ionen aktiv ins umgebende Gewebe transportiert werden und gleichzeitig Wasser und Cl^--Ionen passiv nachströmen. Außerdem gelangen Ammonium-Ionen passiv und Protonen aktiv in den Primärharn.

Im absteigenden Ast der HENLEschen Schleife steigt die Konzentration auf 1200 Osmomol pro Milliliter an. Die Transportprozesse entlang der Tubuli bewirken, dass die osmotische Konzentration im Gewebe zum Niereninneren hin ansteigt.

Im absteigenden Ast der HENLEschen Schleifen diffundiert Wasser aufgrund des Konzentrationsgefälles aus dem Harn ins Gewebe, sodass der Harn weiter konzentriert wird. Der aufsteigende Ast der HENLEschen Schleife durchzieht das Nierenmark in umgekehrter Richtung. Je höher er zur Nierenrinde hin aufsteigt, um so mehr nimmt die osmotische Konzentration im Gewebe ab. Da die Tubuluswände hier wasserundurchlässig sind, kann aber kein Wasser aus dem Gewebe in den Harn hineinströmen. Natrium-Ionen werden aus der Tubulusflüssigkeit aktiv ins umliegende Gewebe transportiert. Zum Ladungsausgleich strömen Chlorid-Ionen passiv nach. Dadurch nimmt im aufsteigenden Ast der HENLEschen Schleife die osmotische Konzentration im Harn ab und sinkt auf einen Wert von etwa 100 Osmomol pro Milliliter.

Im kapselfernen Tubulus steigt die Konzentration zunächst auf 300 Osmomol pro Milliliter an.

Na$^+$-Ionen werden aktiv ins umgebende Gewebe transportiert, gleichzeitig strömen Wasser und Cl$^-$-Ionen passiv nach. Außerdem gelangen K$^+$-Ionen und Protonen aktiv in die Tubulusflüssigkeit. Die Konzentration bleibt dann bis zum Sammelrohr konstant. Das Sammelrohr durchzieht das Nierenmark, in dem die osmotische Konzentration im Gewebe bis zum Niereninneren hin ansteigt. Im Verlauf des Sammelrohrs kann ein starker Konzentrationsanstieg in der Tubulusflüssigkeit erfolgen. Bei hoher ADH-Konzentration ist die Wasserdurchlässigkeit der Sammelrohre erhöht. Die zunehmende osmotische Konzentration im Gewebe führt zu einem starken passiven Wasserausstrom. Bei einer geringen ADH-Konzentration ist die Wasserdurchlässigkeit der Sammelrohre nicht erhöht. Die zunehmende osmotische Konzentration im Gewebe führt nur zu einem geringen Wasserausstrom. Da gleichzeitig auch Na$^+$- und Cl$^-$-Ionen heraustransportiert werden, bleibt dann die Konzentration in der Tubulusflüssigkeit konstant oder erhöht sich nur geringfügig.

2 a) Glucose wird mithilfe von Carriern aus dem Filtrat resorbiert. Carrier besitzen aktive Zentren, in die jeweils Glucose-Moleküle binden können. Die Carrier transportieren Glucose-Moleküle mit einer bestimmten Geschwindigkeit aus der Tubulusflüssigkeit des Nephrons ins Gewebe. Die Anzahl der Glucose-Carrier in der Membran eines Nephrons ist begrenzt. Mit steigender Glucose-Konzentration in der Tubulusflüssigkeit beziehungsweise im Primärharn werden immer mehr Carrier an dem Glucose-Transport ins Gewebe beteiligt und immer mehr aktive Zentren der Carrier besetzt. Wenn alle Carrier am Transport der Glucose beteiligt und alle aktiven Zentren besetzt sind, kann der Glucose-Transport ins Gewebe nicht weiter gesteigert werden. Dann verbleibt Glucose in der Tubulusflüssigkeit und wird mit dem Harn ausgeschieden.
b) Die erhöhte Glucose-Konzentration in der Tubulusflüssigkeit des Nephrons zieht osmotisch Wasser an, sodass eine große Harnmenge (viel Harn = Polyurie) ausgeschieden wird.

3 a) Bei der Ultrafiltration steigt mit zunehmender Glucose-Konzentration im Blut die Geschwindigkeit des Glucosetransports linear an. Bis zu einem Wert von 10 Millimol Glucose pro Liter Blut steigt mit zunehmender Glucose-Konzentration im Blut auch die Glucose-Resorption (in Millimol pro Minute) linear an. Ab 10 Millimol pro Liter bis zu 15 Millimol Glucose pro Liter Blut nimmt die Glucose-Resorption von 1,6 nach 2 Millimol pro Minute zu. Danach ist die Glucose-Resorption konstant bei etwa 2 Millimol pro Minute trotz steigender Glucose-Konzentrationen im Blut beziehungsweise ansteigender Ultrafiltration.
Bis zu einer Glucose-Konzentration von 10 Millimol Glucose pro Liter Blut erfolgt keine Glucoseausscheidung mit dem Harn. Von 10 bis 15 Millimol Glucose pro Liter Blut steigt die Glucoseausscheidung mit dem Harn langsam an. Ab einer Konzentration von 15 Millimol Glucose pro Liter Blut steigt die Glucoseausscheidung linear mit zunehmender Konzentration im Blut an.
Die Glucose-Resorption erfolgt über Carrier. Bei steigender Glucose-Konzentration im Primärharn oder Filtrat werden immer mehr Carrier aktiv und transportieren Glucose aus dem Filtrat ins umgebende Gewebe. Bei einer Konzentration von 15 Millimol pro Liter Glucose im Blut sind alle Carrier ausgelastet und arbeiten mit maximaler Leistung. Daher bleibt die Geschwindigkeit der Glucose-Resorption konstant trotz steigender Filtrationsrate.
Die steigende Filtrationsrate hat dann eine steigende Ausscheidungsrate zur Folge. Der Graph zur Filtrationsrate verläuft nun parallel zur Ausscheidungsrate. Die Glucose, die nicht mehr resorbiert werden kann, wird mit dem Harn ausgeschieden.
b) Die Filtration ist die Summe von Resorption und Ausscheidung (U = R + A). Die Ausscheidung ist die Differenz zwischen Ultrafiltration und Resorption (A = U – R).

4 Wenn der aktive Na$^+$-Transport im aufsteigenden Ast der HENLEschen Schleife gehemmt wird, treten auch weniger Cl$^-$-Ionen aus der Tubulusflüssigkeit ins Gewebe. Die Tubulusflüssigkeit bleibt deshalb sehr konzentriert, sodass in den nachfolgenden Tubulusabschnitten weniger Wasser ins Gewebe strömt. Infolgedessen werden ein verdünnter Harn und damit ein großes Harnvolumen ausgeschieden. Furosemid, der Hemmstoff des aktiven Natriumtransports, wird innerhalb von vier Stunden abgebaut, sodass dann die Wirkung nachlässt.

5 Wird Wasser getrunken, so verringert sich der osmotische Wert des Blutes. Die Osmolarität des Blutes unterschreitet den Sollwert. Die ADH-Ausschüttung durch die Hypophyse wird gehemmt. Infolgedessen sinkt die Resorption von Wasser im Sammelrohr und ein großes Harnvolumen sowie ein wenig konzentrierter Harn wird ausgeschieden. Wird eine isotone Kochsalzlösung getrunken, verändert sich der osmotische Wert des Blutes nicht und demzufolge erfolgen keine sofortigen Gegenregulationen. Die ADH-Ausschüttung wird nicht beeinflusst. Infolge der erhöhten Flüssigkeitsmenge im Blut wird mehr Primärharn gebildet und demzufolge im Laufe der Zeit mehr Harn ausgeschieden.

6 Die K^+-Resorption erfolgt etwa zu 60 bis 70 Prozent der filtrierten Menge im kapselnahen Tubulus und zu 25 Prozent in der HENLEschen Schleife. Sie ist in diesen Tubulusbereichen unabhängig von der K^+-Zufuhr durch die Nahrung. Bei einer K^+-reichen Ernährung erfolgt im kapselfernen Tubulus eine Kaliumsekretion in die Tubulusflüssigkeit. Bei K^+-armer Ernährung erfolgt dort noch eine geringe Kaliumresorption.

7 Die HENLEschen Schleifen durchziehen das Nierenmark in dem die Konzentration von der Rinde bis zum inneren Mark zunimmt. Aufgrund des Konzentrationsunterschieds zwischen der Tubulusflüssigkeit und dem umgebenden Gewebe diffundiert Wasser aus dem absteigenden Ast der HENLEschen Schleife ins Gewebe. Je länger HENLEsche Schleifen sind, umso mehr Wasser kann so der Tubulusflüssigkeit entzogen werden. Tiere, die in sehr trockenen Gebieten leben (zum Beispiel Wüstenratte), haben sehr lange HENLEsche Schleifen. Sie scheiden einen sehr konzentrierten Harn aus.

8 Ablauf der Organspende:
Hirntod eines Patienten: Zwei Fachärzte müssen unabhängig voneinander den Hirntod des Patienten feststellen. Die künstliche Beatmung des Verstorbenen wird weiter aufrechterhalten, sodass die Organe funktionsfähig bleiben.
Meldung an die DSO: Die Ärzte informieren zwischenzeitlich die Deutsche Stiftung Organtransplantation (DSO). Ein Mitarbeiter der DSO, der so genannte Transplantationskoordinator, übernimmt die weitere Organisation.

Zustimmung zur Organspende: Es wird vom Krankenhaus überprüft, ob der Patient einen Organspendeausweis hat. Ist dies nicht der Fall, werden die Angehörigen nach dem mutmaßlichen Willen des Verstorbenen gefragt.
Entnahme der Organe: Liegt die Einwilligung zur Organspende vor, so entnimmt ein Ärzteteam der DSO dem Verstorbenen die Organe und bereitet sie für den Transport vor.
Gewebetypisierung: Weiter werden Blut- und Gewebeproben untersucht. Die Daten werden an Eurotransplant weitergeleitet. Hier werden nun die Daten per Computer mit den Daten der auf der Warteliste stehenden Empfänger verglichen.
Benachrichtigung und Vorbereitung des Empfängers: Ist ein geeigneter Organempfänger ermittelt, wird er benachrichtigt. Er muss sich umgehend in das für ihn zuständige Transplantationszentrum begeben. Dort wird er für die Transplantation vorbereitet.
Transplantation: Das Spenderorgan wird schnellstmöglich in das Transplantationszentrum gebracht. Es wird dort auf den Empfänger übertragen. Der Empfänger erfährt nicht, wer der Spender war. Er wird von der Aufnahme auf die Warteliste bis zur Nachsorge nach der Transplantation von der DSO betreut. Der Körper des Verstorbenen wird nach der Organentnahme sorgfältig wieder verschlossen und der Leichnam zur Bestattung freigegeben.
In Deutschland gilt die erweiterte Zustimmungslösung. Das heißt: Ein Arzt darf einem Verstorbenen nur dann Organe entnehmen, wenn dieser einen Organspenderausweis hat. Liegt dieser dem Arzt nicht vor, wird sein nächster Angehörige befragt. Er soll im Sinn des Verstorben entscheiden.